传感器及应用技术

刘婷婷　张开友　主　编

张成茂　副主编

化学工业出版社

·北京·

本书是一本基于工作过程的传感器课程改革配套教材，内容、结构新颖，具有创新性。书中选取了光电计数传感器、红外测距传感器、温度传感器、霍尔传感器、称重传感器五种常用的传感器，以项目的形式重点讲解五种传感器的特点、测量原理及传感器和单片机的应用系统，并给出了五种传感器的系统原理图、软件程序及应用调试方法，方便教师教学使用。

本书以传感器应用技术为主线，采用 51 系列单片机作为控制器，将传感器检测技术与单片机控制技术相结合，注重培养工作实践能力。

本书可作为全日制高职高专院校电子、电气、自动化等专业的教材，也可作为职业院校和培训学校相关专业的教材，还可供本科学生及工程技术人员参考。

图书在版编目（CIP）数据

传感器及应用技术/刘婷婷，张开友主编. —北京：化学工业出版社，2019.9
ISBN 978-7-122-34772-5

Ⅰ.①传… Ⅱ.①刘…②张… Ⅲ.①传感器-教材
Ⅳ.①TP212

中国版本图书馆 CIP 数据核字（2019）第 127127 号

责任编辑：徐卿华 李军亮　　　　　　　　文字编辑：陈 喆
责任校对：宋 玮　　　　　　　　　　　　装帧设计：刘丽华

出版发行：化学工业出版社（北京市东城区青年湖南街 13 号　邮政编码 100011）
印　　装：三河市延风印装有限公司
710mm×1000mm　1/16　印张 11¾　字数 240 千字　　2019 年 10 月北京第 1 版第 1 次印刷

购书咨询：010-64518888　　　　　　　　售后服务：010-64518899
网　　址：http://www.cip.com.cn
凡购买本书，如有缺损质量问题，本社销售中心负责调换。

定　　价：49.00 元　　　　　　　　　　　　版权所有　违者必究

前言

随着单片机控制技术的不断发展，传感器已经不再是独立使用的检测器件了，传感器的应用则越来越依赖于单片机的控制技术，传感器检测到的信号一般都是要通过单片机或计算机处理后再驱动执行机构动作。因此传统的传感器及其应用方面的教材已经越来越不能适应目前传感器的应用技术。

本书是编者在多年教学经验的基础上结合教学改革与实践的成果编写而成的，将单片机控制技术和传感器检测技术相结合重构教学体系，通过单片机来控制传感器的工作，更加突出了传感器技术在实际系统中的具体应用，更加符合目前传感器技术的应用背景。

项目课程"传感器及应用技术"是电子、电气、自动化等专业的一门重要专业课，具有很强的实践性。通过本课程的学习，使学生具备高等职业应用型人才所必需的传感器技术相关知识和单片机控制相关知识和技能。

为了充分体现"项目导向、任务驱动、实践导向"的一体化课程设计思路，本书共设计了五个项目，以项目为单位组织教学，并把项目设计为若干任务模块，以典型传感器为载体，逐步展开实施。

项目 1 光电传感器及其应用。通过本项目的学习可了解光电传感器的特点、技术参数及外形封装，掌握光电传感器的应用，尤其是用单片机控制传感器的系统。

项目 2 红外测距传感器及其应用。通过本项目的学习可了解红外测距传感器的特点、技术参数及外形封装，掌握红外测距传感器在计数方面的应用，掌握红外测距传感器在实际系统中的应用及编程控制。

项目 3 温度传感器及其应用。通过本项目的学习可了解温度传感器的特点、技术参数及外形封装，掌握温度传感器的应用。

项目 4 霍尔传感器及其应用。通过本项目的学习可了解霍尔传感器的特点、技术参数及外形封装，掌握霍尔传感器在测速方面的应用，掌握霍尔传感器在实际系统中的应用及编程控制。

项目 5 压力/称重传感器及其应用。通过本项目的学习可了解压力/称重传感器的特点、技术参数及外形封装，掌握压力传感器在称重方面的应用，掌握称重传感器在实际系统中的应用及编程控制。

　　本书脉络清晰，逻辑性强。对于每个项目，主要包含三个方面的知识和技能：首先是认识相应的传感器，介绍传感器的外形封装、特点及工作原理；然后是传感器的应用，主要介绍传感器应用的硬件电路、软件代码及产品电路的制作调试过程；最后为了拓展学生传感器方面的知识，增加了知识拓展环节。

　　书中所有项目都通过了实验验证，而且都已经做出了成品电路，只要增加外包装就可以成为实际产品。教学过程中老师可以指导学生将项目做成产品，培养学生研发设计产品的兴趣及方法，为其就业打下基础。

　　本书除了五个典型项目外，还附带了传感器及其应用实验箱，该实验箱将五个典型项目集成在一起，五个项目共用一个单片机控制主板和电源及串口下载接口。教学实施时，可以先通过实验箱来验证项目软件代码，同时可以在实验箱中方便地进行软件代码的调试及研发，极大方便了教师的教学和学生的学习。

　　本书由刘婷婷、张开友主编，张成茂为副主编，参与编写的人员还有李长军、程莉、谢妮、邵泽鑫、田雨、刘玉玲。其中项目1由临沂大学张成茂与鲁南技师学院张开友编写，项目2、项目5由深圳技师学院刘婷婷编写，项目3由深圳技师学院程莉与临沂大学张成茂以及临沂市技师学院邵泽鑫、李长军编写，项目4由临沂大学张成茂与深圳技师学院谢妮以及临沂市技师学院田雨、刘玉玲编写。全书由刘婷婷负责总体设计及最后统稿，由李长军负责主审。

　　由于编者水平有限，加上时间仓促，书中难免存在不妥之处，恳请读者批评指正。

编者

目录

项目 3　温度传感器及其应用 / 68

项目1

光电传感器及其应用

随着生活水平的提高和科技的发展，人们的生活越来越依赖科技，与此同时科技也正在改变着人们的生活质量和生活品位。科技已经渗透到人们日常生活的各个领域。首先来了解一下生活中的传感器。例如大家都熟悉楼道里的灯，白天的时候是不会亮的，晚上有人上下楼发出声音后才会亮，这是什么道理呢？这就是最简单的光电传感器在起作用。什么是光电传感器？它是如何工作的？本项目就来学习一下光电传感器。

任务 1.1　认识一般光电传感器

光电传感器是采用光电元件作为检测元件的传感器。它首先把被测量的变化转换成光信号的变化，然后借助光电元件进一步将光信号转换成电信号。光电传感器一般由光源、光学通路和光电元件三部分组成。光电传感器的结构简单，形式灵活多样，因此在检测和控制领域中得到广泛应用。

1.1.1　常见光电传感器外形封装

常见的光电传感器有很多种，它们的外形如图 1-1 所示。

1.1.2　光电传感器概述

光电传感器是各种光检测系统中实现光电转换的关键元件，它是把光信号（红外光、可见光及紫外激光）转变成为电信号的器件。光电传感器是以光电器件作为转换元件的传感器。它可以用于检测直接引起光量变化的非电量，也可用于检测能转换成光量变化的其他物理量。

光电传感器具有精度高、反应快、非接触、可测参数多、结构简单、形式灵活多样等优点，因此光电传感器在检测和控制中应用非常广泛。

图 1-1　常见光电传感器的外形

光电传感器工作示意图如图 1-2（a）所示，其工作原理如图 1-2（b）所示。

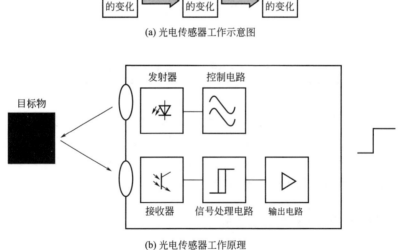

图 1-2　光电传感器工作示意图和工作原理

　　常见的光电传感器有光电管、光敏电阻、光敏三极管、光电耦合器、颜色传感器、红外线传感器、紫外线传感器、光纤传感器和 CCD 图像传感器。在科学技术高速发展的现代社会中，人类已经进入信息时代。人们在平常生活、生产过程中，主要依靠检测技术对信息经获取、筛选和传输，来实现制动控制和自动调节。由于微电子技术、光电半导体技术、光导纤维技术以及光栅技术的发展，使得光电传感器的技术不断取得突破，应用也越来越广泛。

1.1.3 光电传感器分类

光电传感器可分为标准型、安全型和门控型三类，其中标准型又分为漫反射式、反射板式和对射式三种。图 1-3 是常见三种标准型光电传感器的对比示意图。

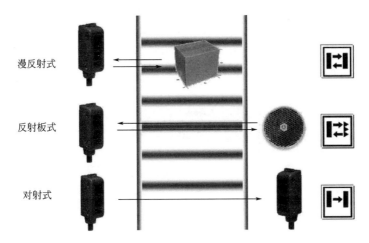

图 1-3 标准型光电传感器对比示意图

（1）漫反射式光电传感器

漫反射式光电传感器是一种集发射器和接收器于一体的传感器。当有被检测物体经过时，物体将发射器发射的足够量的光线反射到接收器，于是传感器就产生了开关信号。当被检测物体的表面光亮或其反光率极高时，漫反射式传感器是首选的检测模式。漫反射式光电传感器工作示意图如图 1-4 所示。

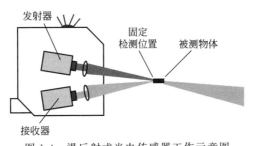

图 1-4 漫反射式光电传感器工作示意图

漫反射式光电传感器的优缺点如下。

① 优点

a. 安装简单（发射器和接收器一体）；

b. 费用经济。

② 缺点

a. 存在黑白色差；

b. 检测距离相对较近；

c. 无法检测透明物体；

d. 存在盲区。

（2）反射板式光电传感器

反射板式光电传感器自带一个光源和一个光接收装置，光源发出的光经过待测物体的反射板被光敏元件接收，再经过相关电路的处理得到所需要的信息。

反射板式光电传感器可以用来检测地面明暗和颜色的变化，也可以探测有无接近的物体。反射板式光电传感器工作示意图如图 1-5 所示。

图 1-5　反射板式光电传感器工作示意图

反射板式光电传感器的优缺点如下。

① 优点

a. 安装比较简单；

b. 检测距离较近；

c. 可检测透明物体；

d. 费用经济。

② 缺点

a. 高反光物体或发光物体会有影响；

b. 需要反射板或反射膜；

c. 存在盲区。

（3）对射式光电传感器

对射式光电传感器是发射器发出红光或红外光，接收器接收。当有物体经过光电传感器时，光电传感器发射器发出的光线被物体切断，光电传感器输出信号。发射器只接棕色线和蓝色线（棕色线接正极，蓝色线接负极）。接收器除了接棕色线和蓝色线，还要接黑色线（为信号输出线）。对射式光电传感器工作示意图如图 1-6 所示。

对射式光电传感器分为发射和接收两部分。由于光的发散性，发射部分发射出去的光束并不是一条直线，而是呈发散状的，在距离发射部分较远处可能光斑就变得比较大。因此，对射式光电传感器安装时（尤其是多个传感器同时安装且距离较近时），发射器和接收器相互对射安装，发射器的发射光束直接对准接收器。当被测物挡住光束时，传感器输出产生变化以指示被测物被检测到。对射式光电传感器

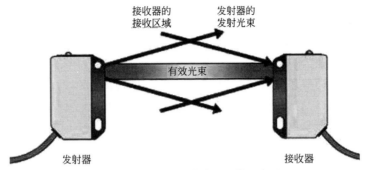

图 1-6 对射式光电传感器工作示意图

是最早使用的一种光电检测装置。

对射式光电传感器主要用于检测在红外发光二极管和光敏三极管之间有无物体存在，工作原理与反射式光电传感器相同。

对射式光电传感器的优缺点如下。

① 优点

a. 用于长距离检测；

b. 精确、可靠的检测；

c. 检测没有盲区。

② 缺点

a. 需要两个元件（发射器和接收器）；

b. 长距离检测较难调整；

c. 成本较高。

1.1.4 光电传感器的特点

（1）检测距离长

如果在对射式中保留 10m 以上的检测距离，便能实现其他检测手段（如磁性、超声波等）无法实现的远距离检测。

（2）对检测物体的限制少

由于以被检测物体引起的遮光和反射为检测原理，所以不像接近传感器等将被检测物体限定在金属，它可对玻璃、塑料、木材、液体等几乎所有物体进行检测。

（3）响应时间短

光本身为高速，并且传感器的电路都由电子零件构成，所以不包含机械性工作时间，响应时间非常短。

（4）分辨率高

能通过高级设计技术使投光光束集中在小光点，或通过构成特殊的受光光学系统，来实现高分辨率。也可进行微小物体的检测和高精度的位置检测。

（5）可实现非接触的检测

可以无需机械性地接触被检测物体实现检测，所以不会对被检测物体和传感器造成损伤，因此传感器能长期使用。

（6）可实现颜色判别

由于光的反射率和吸收率与光的波长以及被检测物体的颜色有关，被检测物体颜色不同，同样的光波，其反射率和吸收率就会不同。所以通过检测物体形成的反射率和吸收率就可以检测出被检测物体的颜色。利用这种性质，可对被检测物体的颜色进行检测。

1.1.5　光电传感器的应用

（1）烟尘浊度检测仪

防止工业烟尘污染是环保的重要任务之一。为了消除工业烟尘污染，首先要知道烟尘排放量，因此必须对烟尘源进行监测、自动显示和超标报警。烟道里的烟尘浊度是通过光在烟道里传输过程中的变化大小来检测的。如果烟道浊度增加，光源发出的光被烟尘颗粒吸收和折射的概率增加，到达光检测器的光粒子减少，光检测器输出的信号变弱。因此，根据光检测器输出信号的强弱便可反映烟道浊度的变化。常见的烟尘浊度检测仪如图 1-7 所示。

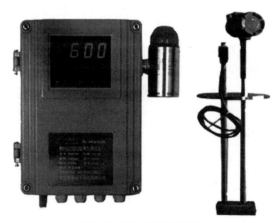

图 1-7　烟尘浊度检测仪

（2）条形码扫描笔

条形码扫描笔如图 1-8（a）所示。当扫描笔头在条形码上移动时，若遇到黑色线条，发光二极管的光线将被黑线吸收，光敏三极管接收不到反射光，呈高阻抗，处于截止状态。当遇到白色间隔时，发光二极管所发出的光线被反射到光敏三极管的基极，光敏三极管产生光电流而导通。整个条形码被扫描之后，光敏三极管将条形码变成一个个电脉冲信号，该信号经放大、整形后便形成脉冲列，再经计算机处理进而完成对条形码信息的识别。

（3）光电式烟雾报警器

光电式烟雾报警器如图 1-8(b) 所示。没有烟雾时，发光二极管发出的光线直线传播，光敏三极管没有接收到信号，因此没有信号输出；有烟雾时，发光二极管发出的光线被烟雾颗粒折射，使光敏三极管接收到光线，因此有信号输出，发出报警。

(a) 条形码扫描笔　　　　　　　　　　　(b) 光电式烟雾报警器

图 1-8　条形码扫描笔和光电式烟雾报警器

（4）产品计数器

产品计数器的工作原理是当产品在传送带上运行时，不断地遮挡光源到光电传感器的光路，使光电脉冲电路产生一个个电脉冲信号。产品每遮光一次，光电传感器电路便产生一个脉冲信号，因此，输出的脉冲数即代表产品的数目，该脉冲经计数电路计数并由显示电路显示出来。产品计数器如图 1-9 所示。

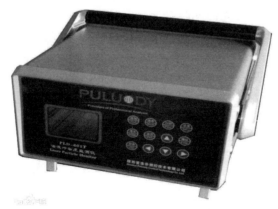

图 1-9　产品计数器

（5）测量转速

在电动机的旋转轴上涂上黑白两种颜色，转动时反射光与不反射光交替出现，光电传感器相应地间断接收光的反射信号，并输出间断的电信号，再经放大器及整形电路放大和整形输出方波信号，最后由电子数字显示器输出电动机的转速。转速测量仪工作示意图如图 1-10 所示。

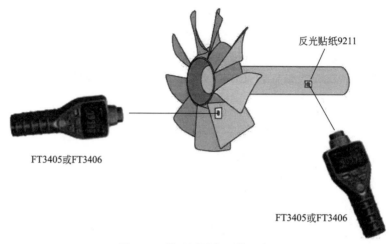

图 1-10 转速测量仪工作示意图

任务 1.2 认识红外光电传感器

1.2.1 红外线概述

红外线是太阳光线中众多不可见光线中的一种，又称红外热辐射。红外线属于一种电磁射线，其特性等同于无线电或 X 射线，由英国科学家赫歇尔于 1800 年发现。太阳光谱中，红光的外侧必定存在看不见的光线，这就是红外线。太阳光谱上红外线的波长为 $0.78\sim1000\mu m$，可见光的波长范围为 $0.38\sim0.78\mu m$，紫外线的波长是 $0.1\sim0.38\mu m$。红外线又可分为三部分，即近红外线，波长为 $0.78\sim3\mu m$；中红外线，波长为 $3\sim4\mu m$；远红外线，波长为 $4\sim1000\mu m$。光的波长示意图如图 1-11 所示。

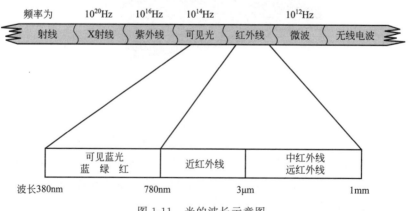

图 1-11 光的波长示意图

1.2.2　红外光电传感器

（1）红外光电传感器概述

光电传感器中的光包括红外线、可见光和紫外线三种。红外光电传感器属于光电传感器的一种。红外反射型光电传感器实际上是一种一体化的红外线发射、接收器件。它内部包含红外线发射、接收及信号放大与处理电路，能够以非接触形式检测出前方一定范围内的人体或物体，并转换成高电平信号输出。由于红外反射型光电传感器内部采用了低功耗器件和抗干扰电路，所以工作稳定可靠，性能优良，可广泛应用于各种自动检测、自动报警和自动控制等装置中，如光电计数器、接近式照明开关、自动干手器、自控水龙头、感应门铃、倒车告警电路等。

（2）红外光电传感器工作原理

红外反射型光电传感器的工作电压为 5～12V，极限电压为 15V，工作电流为 5～20mA，最大电流为 30mA，对应检测距离为 0～120cm。

红外反射型光电传感器的输出端内部电路如图 1-12 所示。由于考虑器件的通用性和输出保护措施，加入了限流保护电路，当外接负载超过额定值时启动保护，自动减小输出电流，以保护组件和外部负载的安全。当红外反射型光电传感器接通电源后，即从模块内部的红外线反射管向前方发射 38kHz 的调制红外线，一旦有物体或人体进入有效范围内时，红外线就会有一部分被反射回来，被与发射管同排安装的光敏接收管接收并转换成同频率的电信号，再由模块内部电路进行放大、解调、整形和比较处理后在输出端给出高电平信号。

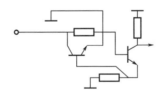

图 1-12　红外反射型光电传感器输出端内部电路

（3）红外光电传感器的类型

① 直接反射式光电开关　直接反射式光电开关是一种集发射器和接收器于一体的传感器。当有被检测物体经过时，将光电开关发射器发射的足够量的光线反射到接收器，于是光电开关就产生了开关信号。当被检测物体的表面光亮或其反光率较高时，直接反射式光电开关是首选的检测模式。直接反射式光电开关工作原理示意图如图 1-13 所示。

漫反射光电开关　　　　被检测物体

图 1-13　直接反射式光电开关工作原理示意图

直接反射式光电开关实物如图 1-14(a) 所示。这是一种应用广泛的光电开关，当检测到物体时红色 LED 点亮，平时则处于熄灭状态。

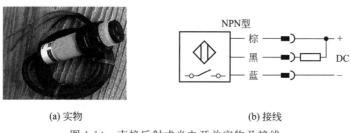

(a) 实物　　　　　　　　　　　　　　(b) 接线

图 1-14　直接反射式光电开关实物及接线

② 反射板反射式光电开关　反射板反射式光电开关亦是集发射器与接收器于一体的传感器。光电开关发射器发出的光线经反射板反射回接收器，当被检测物体经过且完全阻断光线时，光电开关就产生了检测开关信号。反射板反射式光电开关工作原理示意图如图 1-15 所示。

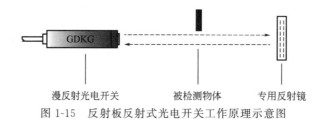

漫反射光电开关　　　　被检测物体　　　专用反射镜

图 1-15　反射板反射式光电开关工作原理示意图

反射板反射式光电开关集发射和接收于一体，使用和安装非常方便，精心设计的光路经过透镜聚焦配合特制的反射板反射，可以达到 4m 的检测距离，在很多场合可以替代红外对射，并且产品的灵敏度可以调节。反射板反射式光电开关实物如图 1-16 所示。

图 1-16　反射板反射式光电开关实物

③ 对射式光电开关　对射式光电开关包含在结构上相互分离且光轴相对放置的发射器和接收器，发射器发出的光线直接进入接收器。当被检测物体经过发射器和接收器之间且阻断光线时，光电开关就产生了开关信号。当被检测物体不透明时，对射式光电开关是最可靠的检测模式。对射式光电开关工作原理示意图如图 1-17 所示。

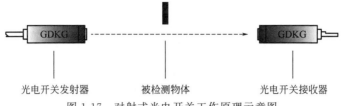

图 1-17　对射式光电开关工作原理示意图

对射式光电开关应用广泛，它的直径为 18mm（只要在设备外壳上打一个 18mm 的圆孔就能轻松固定），长度约 75mm，背后有工作指示灯，当检测到物体时红色 LED 点亮，平时则处于熄灭状态，引线长度为 100mm。对射式光电开关实物及接线如图 1-18 所示。

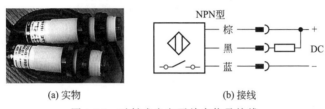

(a) 实物　　　　　　　　　(b) 接线

图 1-18　对射式光电开关实物及接线

④ 槽式光电开关　槽式光电开关通常是标准的 U 形结构，其发射器和接收器分别位于 U 形槽的两边，并形成一光轴。当被检测物体经过 U 形槽且阻断光轴时，光电开关就产生了开关量信号。槽式光电开关比较安全可靠，适合检测高速变化，分辨透明与半透明物体，并且可以调节灵敏度。槽式光电开关工作原理示意图如图 1-19 所示。

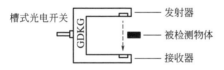

图 1-19　槽式光电开关工作原理示意图

槽式光电开关实物及接线如图 1-20 所示。

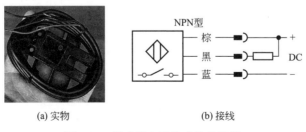

(a) 实物　　　　　　　　　(b) 接线

图 1-20　槽式光电开关实物及接线

1.2.3　本项目用到的光电传感器

本项目使用的是直接反射式红外光电开关，其实物如图 1-21 所示。

图 1-21　直接反射式光电开关实物

（1）型号

本项目采用 M18 漫反射型光电开关。

（2）参数

检测距离：100mm。

被检测物最小直径：5mm。

指向角度：小于 5°。

工作电压：DC 10～36V。

工作电流：小于 10mA。

输出驱动电流：300mA。

温度范围：−25～70℃。

（3）使用注意事项

a. 在红外反射式传感器的前方或侧面不应有大面积的阻挡物或反射物，以免影响其正常工作。

b. 外界的各种颜色因对红外线的反射效率不同，表现出的检测距离也不同。如站在红外反射式传感器的前方，身着浅色（白、灰、黄）衣服和身着深色（黑、蓝、紫）衣服时会造成检测距离的不同，此属正常现象。

c. 红外反射式传感器的检测距离与工作电压有关，电压越高距离越远。

任务 1.3　光电传感器应用

1.3.1　项目总电路图

项目总电路如图 1-22 所示。

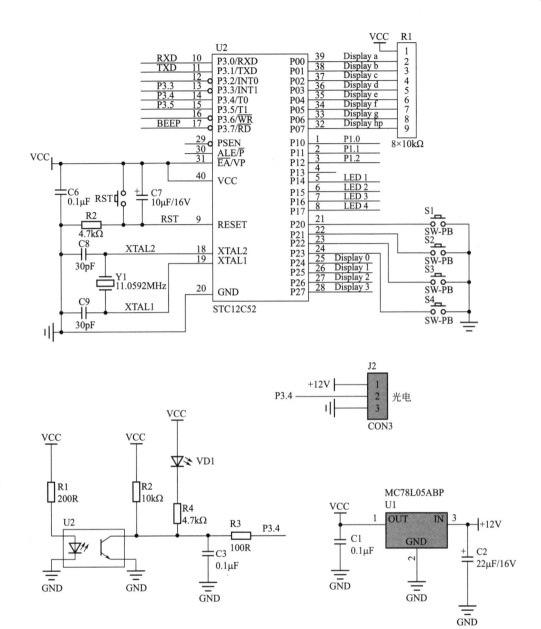

图 1-22 光电传感器应用电路

1.3.2 电路各部分作用

（1）单片机控制电路

单片机控制电路是由单片机、外接时钟电路（C8、C9、Y1）、复位电路（C7、RST 按钮、上拉电阻 R2）三部分组成的最小系统。

a. 单片机采用 STC12C52 型。

b. 时钟电路由独石电容 C8 和 C9、晶体振荡器 Y1 组成。

c. 复位电路由电解电容器 C7、复位按钮 RST、上拉电阻 R2 组成。

（2）传感器接口部分

传感器接口部分是通过插针 J2 接在单片机的 P3.4 引脚上。

1.3.3 参考程序

```
# include < STC_NEW_8051. H>
# include < intrins. h>
# define   uchar unsigned char     //定义一个无符号的字符型的变量
unsigned int allcount= 0;          //定义一个无符号的整型的变量 allcount,同时赋
                                     初值 0
sbit one= P2^4;                    //位定义
sbit two= P2^5;
sbit three= P2^6;
sbit four= P2^7;
sbit gd= P3^4;                     //位定义
  uchar j,k,cy;
unsigned char code table[ ]= {0xc0,0xf9,0xa4,0xb0,0x99,0x92,0x82,0xf8,0x80,
0x90 };                            //共阳极数码断码值
/ *******************************
延时子程序
******************************* /
void delay(uchar i)
{
    for(j= i;j> 0;j--)
    for(k= 120;k> 0;k--);
}
/ *******************************
   显示子程序
******************************* /
void display(unsigned int n)
{     P0= table[n/1000% 10];   one= 0;     delay(10); one= 1;
      P0= table[n/100% 10];    two= 0;     delay(10); two= 1;
      P0= table[n/10% 10];     three= 0;   delay(10);three= 1;
      P0= table[n% 10];         four= 0;    delay(10);four= 1;
}
/ *******************************
   主程序
******************************* /
```

```
void main( )
{
  while(1)                    // 无限循环
  {  display(allcount);       //调用显示子程序
     if(gd= = 0)              // 如果 gd= 0,执行下面程序体;如果 gd≠0,执行
                                 else
        {if(cy= = 1)           // 如果 cy= 1,执行下面程序体
          {allcount++;         // 将 allcount 加 1
             cy= 0;            // 将 cy 清零
           }
        }
     else
       {cy= 1;}                // 让 cy= 1
     }
}
```

1.3.4　调试过程

灵敏度调节孔用来调节反射检测距离,顺时针调距离增大,逆时针调距离减小。红外反射式光电传感器通过一条 1.5m 的双芯屏蔽线作为输出引线,其中红色线为电源正极,蓝色线为输出端,黄色线接电源负极。蓝色线静态时为低电平,有反射物时输出高电平,最大输出电流大于 3mA。实际应用时,如需加长引出线,可选用相同材质的双芯屏蔽线即可。

任务 1.4　知识拓展

1.4.1　电磁波光谱

电磁波光谱,由 γ 射线、X 射线、可见光、红外线、微波、工业电波几部分组成。其中红外线又分为近红外线、中红外线、远红外线三部分。

光的波长与频率的关系由光速确定,真空中的光速 $c \approx 2.99793 \times 10^{10} \mathrm{cm/s}$,通常取 $c \approx 3 \times 10^{10} \mathrm{cm/s}$。光的波长 λ 和频率 f 的关系为

$$c = \lambda f$$

式中　λ——波长;

　　　f——频率;

　　　c——光速,真空中光速 c 是定值。

由上式可知,λ 与 f 成反比,波长越长,频率越小。

1.4.2　光电效应

金属表面在特定的光辐照作用下会吸收光子并发射电子，发射出来的电子称为光电子，这种现象称为光电效应。光电效应由德国物理学家赫兹于 1887 年发现，对发展量子理论及波粒二象性起了根本性的作用。光电效应是指物体吸收了光能后转换为该物体中某些电子的能量，从而产生的电效应。光电效应分为外光电效应和内光电效应两大类。

（1）外光电效应

在光线的作用下，物体内的电子逸出物体表面向外发射的现象称为外光电效应。向外发射的电子称为光电子。基于外光电效应的光电器件有光电管、光电倍增管等。

光子是具有能量的粒子，每个光子的能量为

$$E = h\nu$$

式中　h——普朗克常数，$h = 6.626 \times 10^{-34} \mathrm{J \cdot s}$；

　　　ν——光的频率，s^{-1}。

根据爱因斯坦假设，一个电子只能接收一个光子的能量，所以要使一个电子从物体表面逸出，必须使光子的能量大于该物体的表面逸出功，超过部分的能量表现为逸出电子的动能。外光电效应多发生于金属和金属氧化物，从光开始照射至金属释放电子所需时间不超过 $10^{-9} \mathrm{s}$。

根据能量守恒定理，有

$$h\nu = \frac{1}{2}mv_0^2 + A_0$$

式中　m——电子质量；

　　　v_0——电子逸出速度。

该方程称为爱因斯坦光电效应方程。

光电子能否产生，取决于光电子的能量是否大于该物体的表面电子逸出功 A_0。不同的物质具有不同的逸出功，即每一个物体都有一个对应的光频阈值，称为红限频率或波长限。

光线频率低于红限频率，光子能量不足以使物体内的电子逸出，因而小于红限频率的入射光，光强再大也不会产生光电子发射；反之，入射光频率高于红限频率，即使光线微弱，也会有光电子射出。当入射光的频谱成分不变时，产生的光电流与光强成正比。即光强越大，意味着入射光子数目越多，逸出的电子数也就越多。

光电子逸出物体表面具有初始动能 $mv_0^2/2$，因此外光电效应器件（如光电管）即使没有加阳极电压，也会有光电子产生。为了使光电流为零，必须加负的截止电压，而且截止电压与入射光的频率成正比。

（2）内光电效应

当光照射在物体上时，物体的电阻率 ρ 发生变化，或产生光生电动势的现象称为内光电效应，它多发生于半导体内。根据工作原理的不同，内光电效应又分为光电导效应和光生伏特效应两类。

① 光电导效应 半导体受到光照射时会产生电子-空穴对，使其导电性能增强，半导体的阻值减小。这种光照射后电导率发生变化的现象，称为光电导效应。光电导器件常称为光敏电阻。在适当波长的光照射下，其阻值变小，从而使回路电流变大，负载上压降增加，即它的等效电路中应有反映入射光信号的电流源。因此，光敏电阻是有源元件，称其为光电导器件或光电导探测器。

② 光生伏特效应 在光线作用下能够使物体产生一定方向的电动势的现象称为光生伏特效应。光生伏特效应（photovoltaic effect）简称光伏效应。光伏效应指光照使不均匀半导体或半导体与金属结合的不同部位之间产生电位差的现象。它首先是由光子（光波）转化为电子、光能量转化为电能量的过程，其次是形成电压过程。有了电压，就像筑高了大坝，如果两者之间连通，就会形成电流的回路。

基于该效应的光电器件有光电池和光敏二极管、光敏三极管。

1.4.3 光电器件及其特性

1.4.3.1 光电管及其特性

（1）光电管的结构及封装

光电管有真空光电管和充气光电管两种，又称为电子光电管和离子光电管两类。两者结构相似，如图1-23所示。它们由一个阴极和一个阳极构成，并且密封在一只真空玻璃管内。阴极装在玻璃管内壁上，其上涂有光电发射材料。阳极通常用金属丝弯曲成矩形或圆形，置于玻璃管的中央。常见的光电管外形封装如图1-24所示。

（2）光电管的光照特性

当光电管的阳极和阴极之间所加电压一定时，

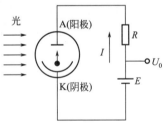

图 1-23 光电管的结构示意图

光通量与光电流之间的关系称为光电管的光照特性，其特性曲线如图1-25所示。曲线1表示氧铯阴极光电管的光照特性，光电流 I 与光通量 Φ 呈线性关系。曲线2为锑铯阴极光电管的光照特性，光电流 I 与光通量 Φ 呈非线性关系。光照特性曲线的斜率（光电流与入射光光通量之比）称为光电管的灵敏度。

（3）光电管的光谱特性

由于光阴极对光谱有选择性，因此光电管对光谱也有选择性。保持光通量和阴极电压不变，阳极电流与光波长之间的关系称为光电管的光谱特性。一般对于光电阴极材料不同的光电管，它们有不同的红限频率 ν_0，因此它们可用于不同的光谱范围。

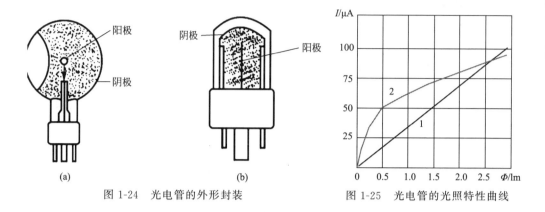

图 1-24　光电管的外形封装　　图 1-25　光电管的光照特性曲线

1.4.3.2　光电倍增管及其基本特性

光电倍增管的结构及工作原理示意图如图 1-26 所示。

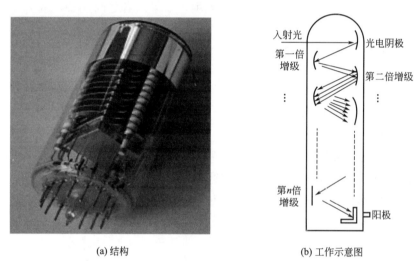

(a) 结构　　　　　　　(b) 工作示意图

图 1-26　光电倍增管的结构及工作原理示意图

光照很弱时，光电管产生的电流很小，为提高灵敏度常常使用光电倍增管。如核仪器中闪烁探测器都使用的是光电倍增管作为光电转换元件。

光电倍增管是利用二次电子释放效应，高速电子撞击固体表面发出二次电子，将光电流在管内进行放大。光电倍增管由光阴极、次阴极（倍增电极）以及阳极三部分组成。次阴极多的可达 30 级；阳极是最后用来收集电子的，收集到的电子数是阴极发射电子数的 $10^5 \sim 10^6$ 倍，即光电倍增管的放大倍数可达几万倍到几百万倍，光电倍增管的灵敏度就比普通光电管高几万倍到几百万倍。因此在很微弱的光照时，它就能产生很大的光电流。

1.4.3.3　光敏电阻及其特性

光敏电阻又称光导管，为纯电阻元件，其工作原理是基于光电导效应，其阻值随光照增强而减小。光敏电阻的优点是灵敏度高，光谱响应范围宽，体积小、重量轻、机械强度高，耐冲击、耐振动、抗过载能力强和寿命长等；不足是需要外部电源，有电流时会发热。

（1）光敏电阻概述

光敏电阻的光谱特性是选择光敏电阻的重要依据。根据光敏电阻的光谱特性，目前常用的有三种：紫外光敏电阻、红外光敏电阻和可见光光敏电阻。

紫外光敏电阻对紫外线较灵敏，包括硫化镉、硒化镉等光敏电阻，用于探测紫外线。红外光敏电阻主要有硫化铅、碲化铅、硒化铅、锑化铟等光敏电阻，广泛用于导弹制导、天文探测、非接触测量、人体探测、红外光谱、红外通信等。可见光光敏电阻包括硒、硫化镉、硒化镉、碲化镉、砷化镓、硅、锗、硫化锌等光敏电阻，主要用于各种光电控制系统，如光电自动开关门户，航标灯、路灯和其他照明系统的自动亮灭，自动给水和自动停水装置，照相机自动曝光装置，光电码盘，光电计数器等。

光敏半导体材料是纯电阻性的。当无光照射时，其暗电阻很大，电路的暗电流很小；当受到一定波长范围的光照射时，其电阻值急剧减小，电路电流随之迅速增加。光敏电阻阻值的变化与光照波长有关，因此应用时应根据光波波长合理选择由不同材料做成的光敏电阻。光敏电阻无极性之分，使用时在两电极间加上恒定的交流或直流电压均可。

（2）光敏电阻的结构及电路符号

用来制作光敏电阻的典型材料有硫化镉（CdS）及硒化镉（CdSe）等。硫化镉光敏电阻的结构及电路符号如图 1-27 所示。

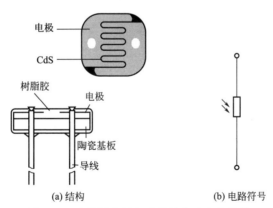

图 1-27　硫化镉光敏电阻的结构及电路符号

（3）光敏电阻的工作原理

当光照射到光电导体上时，若光电导体为本征半导体材料，而且光辐射能量又足够强，光导材料价带上的电子将激发到导带上去，从而使导带的电子和价带的空穴增加，致使光电导体的电导率变大。光敏电阻的灵敏度易受湿度的影响，因此要将光电导体严密封装在玻璃壳体中。如果把光敏电阻连接到外电路中，在外加电压的作用下，用光照射就能改变电路中电流的大小，其连线电路如图1-28所示。

光敏电阻具有很高的灵敏度，很好的光谱特性，光谱响应可从紫外区到红外区范围内，而且具有体积小、重量轻、性能稳定、价格便宜的优点，因此光敏电阻应用比较广泛。

（4）光敏电阻的主要参数

① 暗电流　光敏电阻在室温条件下，全暗（无光照射）后经过一定时间测量的电阻值称为暗电阻，此时在给定电压下流过的电流称为暗电流。

② 亮电流　光敏电阻在某一光照下的阻值，称为该光照下的亮电阻，此时在给定电压下流过的电流称为亮电流。

③ 光电流　光电流是指亮电流与暗电流之差。光敏电阻的暗电阻越大而亮电阻越小，则光敏电阻性能越好。也就是说，暗电流越小，光电流越大，说明光敏电阻的灵敏度越高。

实用的光敏电阻的暗电阻往往超过 $1M\Omega$，甚至高达 $100M\Omega$，而亮电阻则在几千欧以下，暗电阻与亮电阻之比在 $10^2 \sim 10^6$ 之间，可见光敏电阻的灵敏度很高。

（5）光敏电阻的基本特性

① 伏安特性　一般光敏电阻（如硫化铅光敏电阻、硫化铊光敏电阻）的伏安特性曲线如图1-29所示。由该曲线可知，所加的电压越高，光电流越大，而且没有饱和现象。在给定的电压下，光电流的数值将随光照增强而增大。

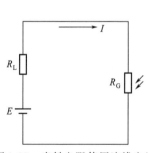

图1-28　光敏电阻使用连线电路

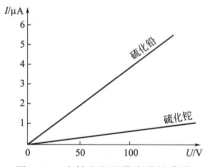

图1-29　光敏电阻的伏安特性曲线

② 光照特性　光敏电阻的光照特性用于描述光电流和光照强度之间的关系。图1-30表示 CdS（硫化镉）光敏电阻的光照特性，是在一定外加电压下，光敏电阻的光电流和光通量之间的关系。不同类型光敏电阻的光照特性不同，但光照特性曲线均呈非线性。因此它不宜作定量检测元件，一般在自动控制系统中用作光电开关。

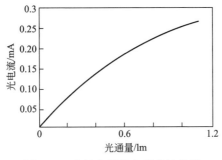

图 1-30 光敏电阻的光照特性曲线

③ 光谱特性 常用光敏电阻材料的光谱特性曲线如图 1-31 所示。从图 1-31 中可以看出，硫化镉光敏电阻的峰值在可见光区域，而硫化铅光敏电阻的峰值在红外区域。因此，在选用光敏电阻时应当把元件和光源的种类结合起来考虑，才能获得满意的结果。

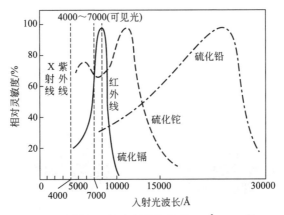

图 1-31 光敏电阻的光谱特性曲线 （1Å＝10^{-10} m）

④ 温度特性 随着温度不断升高，光敏电阻的暗电阻和灵敏度都要下降，同时温度变化也影响它的光谱特性曲线。图 1-32 示出了硫化铅光敏电阻的温度

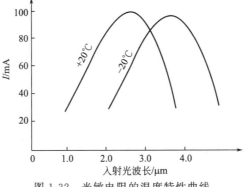

图 1-32 光敏电阻的温度特性曲线

特性曲线。从图 1-32 中可以看出，它的峰值随着温度上升向波长短的方向移动。因此，有时为了提高元件的灵敏度，或者为了能够接收较长波段的红外辐射，应采取一些制冷措施。光敏电阻具有很高的灵敏度，光谱响应的范围可以从紫外区域到红外区域，而且体积小、性能稳定、价格便宜；但光照与产生的光电流之间呈非线性关系。所以，光敏电阻在自动化技术中应用很多，在检测技术中很少使用。

1.4.3.4　光电池及其特性

（1）光电池概述

光电池是利用光生伏特效应把光直接转变成电能的器件，又称为太阳能电池。它是基于光生伏特效应制成的，是发电式有源元件。它有较大面积的 PN 结，当光照射在 PN 结上时，在 PN 结的两端出现电动势，有光线作用时就是电源。光电池主要应用于宇航电源、检测和自动控制等。

（2）光电池外形封装

常见的光电池外形封装如图 1-33 所示，其中图（a）是小型光电池，图（b）是能够提供大电流的光电池。

(a) 小型光电池

(b) 能够提供大电流的光电池

图 1-33　常见光电池外形封装

（3）光电池的结构及电路符号

按照硅光电池衬底材料不同，光电池可分为 2DR 型和 2CR 型两种。如图 1-34（a）所示是 2DR 型硅光电池，它是以 P 型硅为衬底（即在本征硅材料中掺入三价元素硼或镓等），然后在衬底上扩散磷而形成 N 型层并将其作为受光面。

光电池核心部分是一个 PN 结，一般做成面积大的薄片状，来接收更多的入射光。硅电池的受光面的输出电极多做成图 1-34(b) 所示的梳齿状或 E 形电极，其目的是减小硅光电池的内电阻。

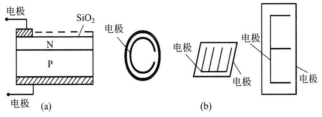

图 1-34　2DR 型硅光电池结构示意图

2CR 型硅光电池结构如图 1-35 所示。它是在一块 N 型硅片上用扩散的方法掺入一些 P 型杂质（如硼）形成 PN 结。

为了减少反射光，增加透射光，一般都在受光面上涂有 SiO_2 或 MgF_2 等材料的防反射膜，同时也可以起到防潮、防腐蚀的保护作用。受光面上的电极称为前极或上电极，为了减少遮光，上电极做成梳齿状或 E 形电极。

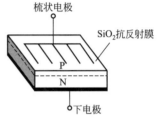

图 1-35　2CR 型硅光电池结构

（4）光电池的分类

① 光电池按材料分　市面上常用的光电池有硒光电池、砷化镓光电池、硅光电池、硫化铊光电池、硫化镉光电池等。目前，应用最广、最有发展前途的是硅光电池和硒光电池。硅光电池价格便宜，转换效率高，寿命长，适用于接收红外光。硒光电池的光电转换效率低，寿命短，适用于接收可见光。砷化镓光电池转换效率比硅光电池稍高，光谱响应特性与太阳光谱最吻合，且工作温度最高，更耐受宇宙射线的辐射，适合在宇宙飞船、卫星、太空探测器等方面应用。

② 光电池按结构分　光电池按结构分，有同质结光电池和异质结光电池等。国产同质结硅光电池因衬底材料导电类型不同，又分成 2CR 系列和 2DR 系列两种。

③ 光电池按用途分　光电池按用途分，可分为太阳能电池和测量用光电池。太阳能电池（solar cells）主要用作电源，转换效率高，成本低；测量用光电池主要作为光电探测用，光照特性的线性度好。

（5）光电池的特性

① 伏安特性　当光作用于 PN 结时，耗尽区内的光生电子与空穴在内建电场力的作用下分别向 N 区和 P 区运动，在闭合的电路中将产生输出电流 I_L，且负载电阻 R_L 上产生电压降为 U。显然，PN 结获得的偏置电压 U 与光电池输出电流 I_L 与负载电阻 R_L 有关，即

$$U = I_L R_L$$

当以输出电流 I_L 为电流和电压的正方向时，可以得到其伏安特性曲线如图 1-36 所示。光电池输出电流 I_L 应包括光生电流 I_P、扩散电流与暗电流等三部分。

从曲线可以看出，负载电阻 R_L 所获得的功率为

$$P_L = I_L U = I_L^2 R_L$$

负载电阻 R_L 所获得的功率 P_L 与负载电阻的阻值有关。

a. 当 $R_L = 0$（电路为短路）时，$U = 0$，输出功率 $P_L = 0$；

b. 当 $R_L = \infty$（电路为开路）时，$I_L = 0$，输出功率 $P_L = 0$；

c. $0 < R_L < \infty$ 时，输出功率 $P_L > 0$。

显然，存在着最佳负载电阻 R_{opt}。在最佳负载电阻情况下，负载可以获得最大的输出功率 P_{max}。

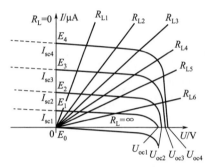

图 1-36　光电池的伏安特性曲线

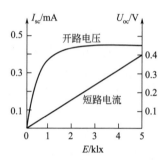

图 1-37　光电池的光照特性曲线

② 光照特性　光电池的光照特性曲线包括短路电流曲线和开路电压曲线两部分，如图 1-37 所示。短路电流与光照度呈线性关系，开路电压与光照度呈对数关系，当照度为 2000lx 时趋向饱和。

接有负载电阻 R_L 的硒光电池在不同负载电阻时的光照特性曲线如图 1-38 所示。因此在要求输出电流与光照度呈线性关系时，负载电阻在条件允许的情况下越小越好，并限制在强光下使用。

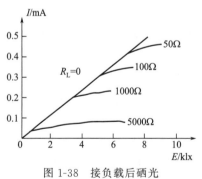

图 1-38　接负载后硒光电池的光照特性曲线

③ 光谱特性　光电池的光谱特性取决于所用的半导体材料，硒光电池在可见光谱范围内有较高的灵敏度，峰值波长在 500nm 附近，适宜测量可见光。硅光电池的应用范围为 400～1200nm，峰值波长在 800nm 附近，因此可在很宽的范围应用。光电池的光谱特性曲线如图 1-39 所示。

④ 温度特性　光电池作探测器件时，测量仪器最好能保持温度恒定，或采取温度补偿措施。开路电压下降 2～3mV/℃，短路电流上升 10^{-5}～10^{-3}mA/℃。光电池的温度特性曲线如图 1-40 所示。

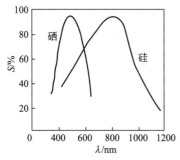

图 1-39　光电池的光谱特性曲线

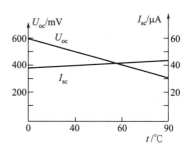

图 1-40　光电池的温度特性曲线

1.4.3.5　光敏二极管

（1）光敏二极管概述

光敏二极管又称光电二极管（photodiode），是一种能够将光转换成电流或者电压信号的光探测器。光敏二极管管芯常使用一个具有光敏特征的 PN 结，对光的变化非常敏感，具有单向导电性，而且光强不同时会改变电学特性，因此可以利用光照强弱来改变电路中的电流。无光照时，有很小的饱和反向漏电流（称为暗电流），此时光敏二极管截止。当受到光照时，饱和反向漏电流大大增加，形成光电流，它随入射光强度的变化而变化。

光敏二极管是电子电路中广泛采用的光敏器件。光敏二极管和普通二极管一样具有一个 PN 结，不同之处是在光敏二极管的外壳上有一个透明的窗口以接收光线照射，实现光电转换，在电路图中文字符号一般为 VD。

光敏二极管和光电池一样，其基本结构也是一个 PN 结。它和光电池相比，重要的不同点是结面积小，因此频率特性好。光生电势与光电池相同，但输出电流比光电池小，一般为几微安到几十微安。

（2）光敏二极管的工作原理

光敏二极管是将光信号变成电信号的半导体器件。它的核心部分是一个 PN 结，和普通二极管在结构上不同的是，PN 结面积大一些，电极面积小些，而且 PN 结的结深很浅，一般小于 $1\mu m$，这样做的目的是便于接收入射光照。

光敏二极管是在反向电压作用之下工作的。没有光照时，反向电流很小（一般小于 $0.1\mu A$），称为暗电流。当有光照时，携带能量的光子进入 PN 结，然后把能量传给共价键上的束缚电子，使部分电子挣脱共价键，从而产生电子-空穴对，称为光生载流子。

它们在反向电压作用下参加漂移运动，使反向电流明显变大，光的强度越大，反向电流也越大，这种特性称为"光电导"。光敏二极管在一般照度的光线照射下，所产生的电流称为光电流。如果在外电路上接上负载，负载上就获得了电信号，而且这个电信号随着光的变化而相应变化。

（3）光敏二极管的结构、外形及电路符号

光敏二极管与普通二极管都有一个 PN 结，并且都是单向导电的非线性元件。为了提高转换效率而大面积受光，PN 结面积比普通二极管大，它装在透明玻璃外壳中，其 PN 结装在管顶，可直接接收到光照射。光敏二极管的结构及电路符号如图 1-41 所示。

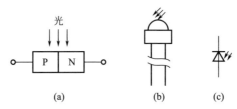

图 1-41　光敏二极管的结构及电路符号

（4）光敏二极管的分类

① 按材料分类　有硅、砷化镓、锑化铟等光敏二极管多种。

② 按结构分类　有同质结与异质结之分，最典型的是同质结硅光敏二极管。

国产硅光敏二极管按衬底材料的导电类型有 2CU 和 2DU 两种系列。2CU 系列光敏二极管只有两条引线，而 2DU 系列光敏二极管有三条引线。

（5）光敏二极管的主要参数

① 暗电流　在光电导模式下，当不接收光照时，通过光敏二极管的电流被定义为暗电流。暗电流包括了辐射电流以及半导体结的饱和电流。暗电流必须预先测量，特别是当光敏二极管被用作精密的光功率测量时，暗电流产生的误差必须认真考虑并加以校正。

② 响应率　一个硅光敏二极管的响应特性与突发光照波长的关系响应率（responsivity）定义为光电导模式下产生的光电流与突发光照的比例，单位为安培/瓦特（A/W）。响应特性也可以表达为量子效率（quantum efficiency），即光照产生的载流子数量与突发光照光子数的比例。

③ 等效噪声功率　等效噪声功率（Noise-Equivalent Power，NEP）是指能够产生光电流所需的最小光功率，与 1Hz 时的噪声功率均方根值相等。与此相关的一个特性被称为探测能力（detectivity），它等于等效噪声功率的倒数。等效噪声功率大约等于光敏二极管的最小可探测输入功率。当光敏二极管被用在光通信系统中时，这些参数直接决定了光接收器的灵敏度，即获得指定比特误码率（bit error rate）的最小输入功率。

（6）光敏二极管的特性

① 光照特性　光敏二极管的光照特性曲线如图 1-42 所示，它描述了光敏二极管的光电流与照度之间的关系。由图 1-42 可以看出光电流 I_L 与照度之间呈线性关系，所以适合在检测等方面应用。

② 光谱特性　入射光入射度不变，输出的光电流（或相对灵敏度）随光波

波长的变化而变化的特性称为光谱特性。光敏二极管的光谱特性曲线如图 1-43 所示。

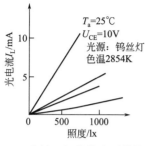

图 1-42　光敏二极管的光照特性曲线

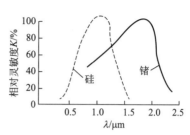

图 1-43　光敏二极管的光谱特性曲线

由图 1-44 可以看出，材料不同，其光谱响应峰值波长也不同。硅管一般大于 $1.1\mu m$，锗管大于 $1.8\mu m$。由于锗管的暗电流比硅管大，因此锗管性能较差。故在探测可见光或炽热物体时，都用硅管。但对红外光进行探测时，采用锗管较为合适。

③ 伏安特性　光敏二极管的伏安特性的环境条件是环境照度不变。在无偏压时，光敏二极管仍有光电流输出，这是由光电效应性质决定的。光敏二极管的伏安特性曲线如图 1-44 所示。

④ 温度特性　光敏二极管的温度特性曲线如图 1-45 所示。由图 1-45 可以看出温度变化对光电流的影响不大，但对暗电流的影响却十分明显。光敏二极管在高照度

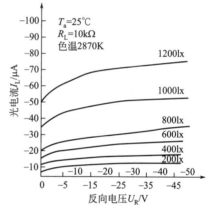

图 1-44　光敏二极管的伏安特性曲线

下工作时，由于亮电流比暗电流大很多，温度影响相对来说比较小；但在低照度下工作时，因为光电流较小，暗电流随温度的变化就会严重影响输出信号的温度稳定性，因此建议尽量选用硅光敏二极管（硅管的暗电流比锗管的暗电流小几个数量级）。

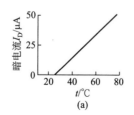
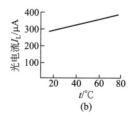

图 1-45　光敏二极管的温度特性曲线

（7）光敏二极管的检测

检测光敏二极管，可用万用表 $R \times 1k$ 电阻挡。当没有光照射在光敏二极管时，它和普通二极管一样具有单向导电作用。正向电阻为 $8 \sim 9k\Omega$，反向电阻大于 $5M\Omega$。如果不知道光敏二极管的正、负极，可用测量普通二极管正、负极的办法来确定，当测正向电阻时，黑表笔接的就是光敏二极管的正极。

当光敏二极管处在反向连接时，即万用表红表笔接光敏二极管正极，黑表笔接光敏二极管负极，此时电阻应接近无穷大（无光照射时）；当用光照射到光敏二极管上时，万用表的表针应大幅度向右偏转；当光很强时，表针会打到 0 刻度右边。

当测量带环极的光敏二极管时，环极和后极（正极）也相当一个光敏二极管，其性能也具有单向导电作用和见光后反向电阻大大下降。区分环极和前极的办法是，在反向连接情况下，让不太强的光照在光敏二极管上，阻值略小的是前极，阻值略大的是环极。

（8）光敏二极管的型号参数

① 工作电压　工作电压是指无光照条件下，暗电流不大于 $0.1\mu A$ 时所能承受的最高反向电压值。

② 暗电流　暗电流是指无光照及最高反向工作电压。暗电流越小，光敏二极管的性能越稳定，检测弱光的能力越强。

③ 光电流　光电流是指光敏二极管在一定光照下所产生的电流。其测量的一般条件是：2856K 钨丝光源，照度为 1000lx。

④ 光电灵敏度　光电灵敏度是反映光敏二极管对光敏感的程度的一个参数，用在每微瓦的入射光能量下所产生的光电流来表示。

⑤ 响应时间　响应时间是指光敏二极管将光信号转化为电信号所需要的时间。响应时间越短，二极管的工作频率越高。

⑥ 结电容　结电容指光敏二极管 PN 结的电容。C_j 是影响光电响应速度的主要因素。结面积越小，结电容 C_j 也就越小，工作频率也就越高。

⑦ 正向压降　正向压降是指在光敏二极管通过一定的正向电流时其两端产生的电压降。

常见光敏二极管的主要性能参数如表 1-1 所示。

表 1-1　常见光敏二极管的主要性能参数

型号	波长范围 $\lambda/\mu m$	工作电压 U/V	暗电流 $I_D/\mu A$	灵敏度 S_n /($\mu A/\mu W$)	响应时间 t/ns	结电容 C_j/pF	光敏区	
							面积 A /mm^2	直径 D /mm
2CU 101-A～D	0.5～1.1	15	<10	>0.6	<5	0.4、1.0、2.0、5.0	0.06、0.20、0.78、3.14	0.28、0.6、1.0、2.0
2CU 201-A～D	0.5～1.1	50	5、50、20、40	0.35	<10	1、1.6、3.6、13	0.19、0.78、3.14、12.6	0.5、1.0、2.9、4.0

续表

型号	最高工作电压 U_{RM}/V	暗电流 I_D/μA	环电流 I_H/μA	光电流 I_L/μA	灵敏度 S_n /(μA/μW)	峰值波长 λ_p/μm	响应时间 t/ns	结电容 C_j/pF	正向压降 U_i/V
2DUAG	50	≤0.05	≥3	>6	>0.4	0.88	<100	<8	<3
2DU1A	50	≥0.1	≤5						
2DU2A	50	0.1~0.3	5~10						<5
2DU3A	50	0.3~1.0	10~30						
2DUBG	50	<0.05	<3	>0.2	>0.4	0.88	<100	8	<3
2DU1B	50	<0.1	<3						
2DU2B	50	0.1~0.3	5~10						<5
2DU3B	50	0.3~1.0	10~30						

表 1-1 中的光敏二极管主要用于可见光和近红外光探测器，以及光电转换的自动控制仪器、触发器、光电耦合器、编码器、特性识别、过程控制和激光接收等方面。

1.4.3.6 光敏三极管

（1）光敏三极管的结构及电路符号

光敏三极管和光敏二极管一样也可以实现光-电转换，所不同的是光敏三极管除了可以实现光-电转换外，还可以实现信号放大。常用的光敏三极管有 PNP 型和 NPN 型两种，光敏三极管与普通三极管很相似，具有两个 PN 结 [图 1-46(a)]，只是它的发射极一边做得很大，以扩大光的照射面积。光敏三极管接线如图 1-46（b）所示，大多数光敏三极管的基极无引出线，当集电极加上相对于发射极为正的电压而不接基极时，集电结就是反向偏压，当光照射在集电结时，就会在结附近产生电子-空穴对，光生电子被拉到集电极，基区留下空穴，使基极与发射极间的电压升高，这样便会有大量的电子流向集电极，形成输出电流，且集电极电流为光电流的 β 倍，所以光敏三极管有放大作用。

光敏三极管的光电灵敏度虽然比光敏二极管高得多，但在需要高增益或大电流输出的场合，需采用达林顿光敏管。图 1-46（c）是达林顿光敏管的等效电路，它是一个光敏三极管和一个普通三极管以共集电极连接方式构成的集成器件。由于增加了一级电流放大，所以输出电流能力大大加强，甚至可以不必经过进一步放大，便

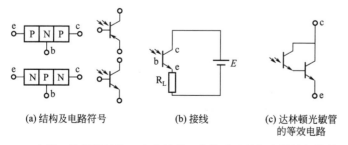

(a) 结构及电路符号　　　　(b) 接线　　　　(c) 达林顿光敏管的等效电路

图 1-46　光敏三极管的结构、电路符号、接线及达林顿光敏管的等效电路

可直接驱动灵敏继电器。但由于无光照时的暗电流也增大，因此适合于开关状态或位式信号的光电变换。

（2）光敏三极管的主要特性

① 光谱特性　当入射光入射度不变时，输出的光电流（或相对灵敏度）随光波波长的变化而变化的特性称为光谱特性。光敏三极管的光谱特性曲线如图 1-47 所示。

光敏三极管存在一个最佳灵敏度的峰值波长。当入射光的波长增加时，相对灵敏度要下降。因为光子能量太小，不足以激发电子-空穴对。当入射光的波长缩短时，相对灵敏度也下降，这是由于光子在半导体表面附近就被吸收，并且在表面激发的电子-空穴对不能到达 PN 结。

由图 1-48 可以看出，材料不同，其光谱响应峰值波长也不同。硅管的峰值波长为 9000Å（$1Å = 10^{-10}m$），锗管的峰值波长为 15000Å。由于锗管的暗电流比硅管大，因此锗管的性能较差。故对可见光或赤热状态物体进行探测时，一般选用硅管；但对红外线进行探测时，则采用锗管较合适。

② 伏安特性　光敏三极管的伏安特性曲线如图 1-48 所示。光敏三极管在不同照度下的伏安特性，就像普通三极管在不同基极电流时的输出特性一样。因此，只要将入射光照在发射极 e 与基极 b 之间的 PN 结附近，所产生的光电流看作基极电流，就可将光敏三极管看作普通三极管。光敏三极管能把光信号变成电信号，而且输出的电信号较大。

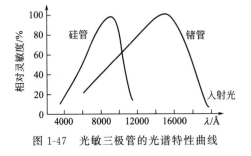

图 1-47　光敏三极管的光谱特性曲线

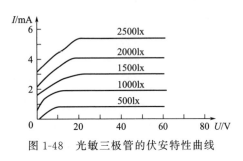

图 1-48　光敏三极管的伏安特性曲线

③ 光照特性　光敏三极管的光照特性曲线如图 1-49 所示。它给出了光敏三极管的输出电流 I 和照度 L 之间的关系。它们之间呈现了近似线性关系。当光照足

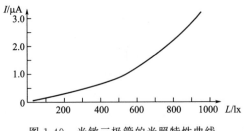

图 1-49　光敏三极管的光照特性曲线

够大（数千勒克斯）时，会出现饱和现象，从而使光敏三极管既可作线性转换元件，也可作开关元件。

④ 温度特性　光敏三极管的温度特性曲线如图 1-50 所示。温度特性曲线反映的是光敏三极管的暗电流 I_D 及光电流 I_L 与温度的关系。从特性曲线可以看出，温度变化对光电流的影响很小，而对暗电流的影响很大。所以电子线路中应对暗电流进行温度补偿，否则将会导致输出误差。

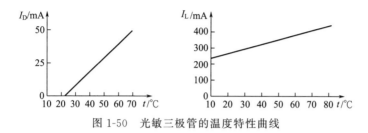

图 1-50　光敏三极管的温度特性曲线

⑤ 频率特性　光敏三极管的频率特性曲线如图 1-51 所示。光敏三极管的频率特性受负载电阻的影响，减小负载电阻可以提高频率响应。一般来说，光敏三极管的频率响应比光敏二极管差。对于锗管，入射光的调制频率要求在 5kHz 以下。硅管的频率响应要比锗管好。

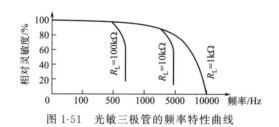

图 1-51　光敏三极管的频率特性曲线

（3）光敏三极管的主要参数

① 暗电流 I_D　在无光照的情况下，集电极与发射极间的电压为规定值时，流过集电极的反向漏电流称为光敏三极管的暗电流。

② 光电流 I_L　在规定光照下，当施加规定的工作电压时，流过光敏三极管的电流称为光电流。光电流越大，说明光敏三极管的灵敏度越高。

③ 集电极-发射极击穿电压 U_{CE}　在无光照下，集电极电流 I_c 为规定值时，集电极与发射极之间的电压降称为集电极-发射极击穿电压。

④ 最高工作电压 U_{RM}　在无光照下，集电极电流 I_c 为规定的允许值时，集电极与发射极之间的电压降称为最高工作电压。

⑤ 最大功率 P_M　最大功率是指光敏三极管在规定条件下能承受的最大功率。

⑥ 峰值波长 λ_p　当光敏三极管的光谱响应为最大时对应的波长称为峰值波长。

⑦ 光电灵敏度　在给定波长的入射光输入单位为光功率时，光敏三极管管芯单位面积输出光电流的强度称为光电灵敏度。

⑧ 响应时间 响应时间是指光敏三极管对入射光信号的反应速度，一般为 $1 \times 10^{-3} \sim 1 \times 10^{-7}$ s。

⑨ 开关时间

a. 脉冲上升时间 t_r：光敏三极管在规定工作条件下调节输入的脉冲光，使光敏三极管输出相应的脉冲电流至规定值，以输出脉冲前沿幅度的 $10\% \sim 90\%$ 所需的时间。

b. 脉冲下降时间 t_f：以输出脉冲后沿幅度的 $90\% \sim 10\%$ 所需的时间。

c. 脉冲延迟时间 t_d：从输入光脉冲开始到输出电脉冲前沿的 10% 所需的时间。

d. 脉冲储存时间 t_s：当输入光脉冲结束后，输出电脉冲下降到脉冲幅度的 90% 所需的时间。

（4）光敏三极管应用电路

【实例 1】 光控开关电路（一）

由达林顿光敏三极管和 555 定时器构成的光控开关电路如图 1-52 所示。当无光照时，达林顿光敏三极管截止，集电极输出高电位，555 定时器输出低电位，继电器线圈通电，同时电源通过 R 给电容器 C1 充电。当有光照时，达林顿光敏三极管导通，集电极输出低电位，555 定时器输出高电位，继电器线圈不通电，电容器 C1 通过 555 内部的三极管放电。

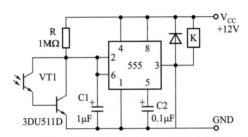

图 1-52 光敏三极管应用电路——光控开关电路（一）

【实例 2】 光控开关电路（二）

由光敏三极管和开关管构成的光控开关电路如图 1-53 所示。光敏三极管 3DU5 的暗电阻（无光照射时的电阻）大于 1MΩ，光电阻（有光照射时的电阻）约为 2kΩ。开关管 3DK7 和 3DK9 共同作为光敏三极管 3DU5 的负载。当 3DU5 上有光照射时，它被导通，从而在开关管 3DK7 的基极上产生信号，使 3DK7 处于工作状

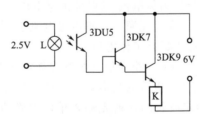

图 1-53 光敏三极管应用电路——光控开关电路（二）

态；3DK7 则给 3DK9 基极上加一信号使 3DK9 进入工作状态，并输出约 25mA 的电流，使继电器 K 通电工作，即它的常闭触点断开、常开触点导通。当光敏三极管 3DU5 上无光照射时，电路被断开，3DK7、3DK9 均不工作，也无电流输出，继电器 K 不动作，即其常闭触点导通、常开触点断开。因此通过有无光照射到光敏三极管 3DU5 上即可控制继电器的工作状态，从而控制与继电器连接的工作电路。

【实例 3】 光控语音报警电路

它由光敏三极管和 555 语音集成电路两部分组成。图 1-54 中光敏三极管 VT1 和晶体三极管 VT2、电阻 R1～R3 和电容 C1、C2 等构成光控开关电路。语音集成电路 IC 及三极管 VT3、电阻 R4 与 R5 等构成语音放大电路。平常在光源照射下，VT1 呈低阻状态，VT2 饱和导通，IC 触发端 3 脚得不到正触发脉冲而不工作，扬声器无声。当 VT1 被物体遮挡时，便产生一负脉冲电压，并通过 C1 耦合到 VT2 的基极，导致 VT2 进入截止状态，IC 获得一正触发脉冲而工作，输出音频信号通过 VT3 放大，推动扬声器发出声响。声响内容可根据不同场合选择不同的语音电路来产生，例如在高压电网或配电房等场所，可选用"高压重地，禁止入内""有电危险，请勿靠近"等语音集成电路。

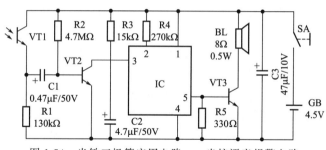

图 1-54　光敏三极管应用电路——光控语音报警电路

【实例 4】 红外接收机电路

红外接收机电路由一只能对调幅的红外敏感的光敏三极管 VT1 和一个三级高

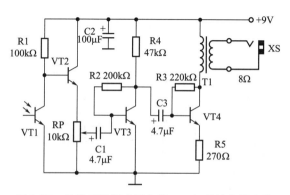

图 1-55　光敏三极管应用电路——红外接收机电路

增益音频放大器组成，如图 1-55 所示。该接收机的输出阻抗可以与当前的低阻头戴式耳机相匹配，接收效果好，使用方便。

【实例5】 红外检测器

红外检测器主要用于检测红外遥控发射装置是否正常工作。红外检测电路如图 1-56 所示。当红外遥控发射装置发出的红外光照射到光敏三极管 VT1 时，其内阻减小，驱动 VT2 导通，使发光二极管 VD1 随着入射光的节奏被点亮。由于发光二极管 VD1 的亮度取决于照射到光敏三极管 VT1 的红外光强度，因此，根据发光二极管 VD1 的发光亮度，可以估计出红外发射装置上的电池是否还可以继续使用。

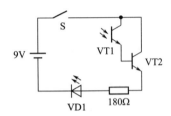

图 1-56　光敏三极管应用电路——红外检测电路

【实例6】 烟雾报警器

烟雾报警电路由串联反馈感光电路（由红外发光管、光敏三极管构成）、半导体管开关电路及集成报警电路等组成，如图 1-57 所示。

当被监视的环境洁净无烟雾时，红外发光二极管 VD1 以预先调好的起始电流发光。该红外光被光敏三极管 VT1 接收后其内阻减小，使得 VD1 和 VT1 串联电路中的电流增大，红外发光二极管 VD1 的发光强度相应增大，光敏三极管 VT1 内阻进一步减小。如此循环便形成了强烈的正反馈过程，直至使串联感光电路中的电流达到最大值，在 R1 上产生的压降经 VD2 使 VT2 导通、VT3 截止，报警电路不工作。

当被监视的环境中烟雾急骤增加时，空气中的透光性恶化，此时光敏三极管 VT1 接收到的光通量减小，其内阻增大，串联感光电路中的电流也随之减小，发

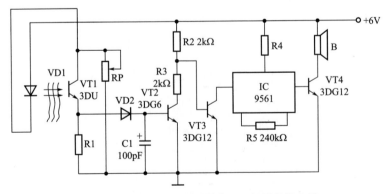

图 1-57　光敏三极管应用电路——烟雾报警电路

光二极管 VD1 的发光强度也随之减弱。如此循环便形成了负反馈的过程，使串联感光电路中的电流直至减小到起始电流值，R1 上的电压也降到 1.2V，使 VT2 截止、VT3 导通，报警电路工作，发出报警信号。电容 C1 是为防止短暂烟雾的干扰而设置的。

1.4.3.7　光电耦合器

（1）光电耦合器概述

光电耦合器（简标光耦）是一种把红外光发射器和红外光接收器以及信号处理电路等封装在同一管座内的器件。当输入电信号加到输入端发光器件 LED 上时，LED 发光，光接收器接收光信号并转换成电信号，然后将电信号直接输出，或者将电信号放大处理成标准数字电平输出，这样就实现了"电-光-电"的转换及传输。光是传输的媒介，因而输入端与输出端在电气上是绝缘的，也称为电隔离。光电耦合器的工作原理及外形尺寸如图 1-58 所示。

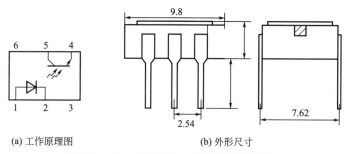

(a) 工作原理图　　　　　(b) 外形尺寸

图 1-58　光电耦合器的工作原理及外形尺寸

（2）光电耦合器的特点

光电耦合器因为具有独特的结构特点，所以在实际使用过程中具有以下明显的优点。

① 能够有效抑制接地回路的噪声，消除地干扰，使信号现场与主控制端在电气上完全隔离，避免了主控制系统受到意外损坏。

② 可以在不同电位和不同阻抗之间传输电信号，且对信号具有放大和整形等功能，使得实际电路设计大为简化。

③ 开关速度快。高速光电耦合器的响应速度达到 ns 数量级，极大地拓展了光电耦合器在数字信号处理中的应用。

④ 器件体积小且多采用双列直插封装，具有单通道、双通道以及多达八通道等多种结构，使用十分方便。

⑤ 可替代变压器隔离，不会因触点跳动而产生尖峰噪声，且抗振动和抗冲击能力强。

⑥ 高线性型光电耦合器除了用于电源监测等，还被用于医用设备，能有效地保护病人的人身安全。

（3）光电耦合器的分类

由于光电耦合器的品种和类型非常多，在光电子 DATA 手册中，其型号超过上千种。光电耦合器通常可以按以下方法进行分类。

① 按光路径分　按光路径分，光电耦合器可分为外光路光电耦合器（又称光电断续检测器）和内光路光电耦合器。外光路光电耦合器又分为透过型光电耦合器和反射型光电耦合器。

② 按输出形式分　按输出形式分，光电耦合器可分为以下几种。

a. 光敏器件输出型，其中包括光敏二极管输出型、光敏三极管输出型、光电池输出型、光可控硅输出型等。

b. NPN 三极管输出型，其中包括交流输入型、直流输入型、互补输出型等。

c. 达林顿三极管输出型，其中包括交流输入型、直流输入型。

d. 逻辑门电路输出型，其中包括门电路输出型、施密特触发输出型、三态门电路输出型等。

e. 低导通输出型（输出低电平毫伏数量级）。

f. 光开关输出型（导通电阻小于 10Ω）。

g. 功率输出型（IGBT/MOSFET 等输出）。

③ 按封装形式分　按封装形式分，光电耦合器可分为同轴型、双列直插型、TO 封装型、扁平封装型、贴片封装型以及光纤传输型等。

④ 按传输信号分　按传输信号分，光电耦合器可分为数字型光电耦合器（OC 门输出型、图腾柱输出型及三态门电路输出型等）和线性光电耦合器（可分为低漂移型、高线性型、宽带型、单电源型、双电源型等）。

⑤ 按速度分　按速度分，光电耦合器可分为低速光电耦合器（光敏三极管、光电池等输出型）和高速光电耦合器（光敏二极管带信号处理电路或者光敏集成电路输出型）。

⑥ 按通道分　按通道分，光电耦合器可分为单通道光电耦合器、双通道光电耦合器和多通道光电耦合器。

⑦ 按隔离特性分　按隔离特性分，光电耦合器可分为普通隔离光电耦合器（一般光学胶灌封低于 5000V，空封低于 2000V）和高压隔离光电耦合器（可分为 10kV、20kV、30kV 等）。

⑧ 按工作电压分　按工作电压分，光电耦合器可分为低电源电压型光电耦合器（一般为 5～15V）和高电源电压型光电耦合器（一般大于 30V）。

（4）光电耦合器的应用

由于光电耦合器种类繁多，结构独特，优点突出，因而其应用十分广泛，主要应用在以下场合。

① 在逻辑电路上的应用　光电耦合器可以构成各种逻辑电路。由于光电耦合器的抗干扰性能和隔离性能比晶体管好，因此由它构成的逻辑电路更可靠。

② 作为固体开关应用　在开关电路中，往往要求控制电路和开关之间要有很

好的电隔离，对于一般的电子开关来说是很难做到的，但用光电耦合器很容易实现。

③ 在触发电路上的应用　将光电耦合器用于双稳态输出电路，由于可以把发光二极管分别串入两管发射极回路，可有效地解决输出与负载隔离的问题。

④ 在脉冲放大电路中的应用　光电耦合器应用于数字电路，可以将脉冲信号进行放大。

⑤ 在线性电路上的应用　线性光电耦合器应用于线性电路中，具有较高的线性度以及优良的电隔离性能。

⑥ 在特殊场合的应用　光电耦合器还可应用于高压控制、取代变压器、代替触点继电器以及用于 A/D 电路等多种场合。

（5）光电耦合器的常用参数

① 正向压降 U_F　发光二极管通过的正向电流为规定值时，正负极之间所产生的电压降称为正向压降。

② 正向电流 I_F　在被测管两端加一定的正向电压时发光二极管中流过的电流称为正向电流。

③ 反向电流 I_R　在被测管两端加规定反向工作电压 U_R 时，发光二极管中流过的电流称为反向电流。

④ 反向击穿电压 U_{BR}　被测管通过的反向电流 I_R 为规定值时，在两极间所产生的电压降称为反向击穿电压。

⑤ 结电容 C_J　在规定偏压下被测管两端的电容值称为结电容。

⑥ 反向击穿电压 $U_{(BR)CEO}$　当发光二极管开路且集电极电流 I_C 为规定值时，集电极与发射集间的电压降称为反向击穿电压。

⑦ 输出饱和压降 $U_{CE(sat)}$　发光二极管工作电流 I_F 和集电极电流 I_C 为规定值时，并保持 $I_C/I_F \leqslant CTR_{min}$ 时（CTR_{min} 在被测管技术条件中规定）集电极与发射极之间的电压降称为输出饱和压降。

⑧ 反向截止电流 I_{CEO}　当发光二极管开路且集电极至发射极间的电压为规定值时，流过集电极的电流称为反向截止电流。

光电耦合器的性能参数如表 1-2～表 1-4 所示。

表 1-2　光电耦合器的最大额定值

参数名称	符号	最大额定值	单位
反向电压	U_R	5	V
正向电流	I_F	50	mA
集-发击穿电压	$U_{(BR)CEO}$	100	V
集电极电流	I_{CM}	30	mA
储存温度	I_{stg}	−55～150	℃
工作温度	I_{amb}	−55～125	℃

参数名称	符号	最大额定值	单位
隔离电压	U_{IO}	1000	V
总耗散功率	P_{tot}	80	mW

表 1-3　光电耦合器的推荐工作条件

特性	符号	最小值	典型值	最大值	单位
输入电流	I_F		10	50	mA
电源电压	U_{CC}	1	5	60	V

表 1-4　光电耦合器的主要光电特性

特性		符号	测试条件 $(T_A=25℃\pm3℃)$	最小	典型	最大	单位
隔离特性	隔离电阻	R_{IO}	$U_{IO}=500V$	10^{10}			Ω
开关特性	上升时间	t_r	$U_{CC}=5V,I_{FF}=10mA,$			10	μs
	下降时间	t_f	$R_L=360\Omega$ $f=10kHz,D=1/2$			10	μs
LED输入特性	反向电流	I_R	$U_R=5V$		0.01	1.0	μA
	正向电压	U_F	$I_F=10mA$		1.2	1.4	V
晶体管输出特性	电流传输比	CTR	$U_{CC}=5V,I_F=10mA,R_L=200\Omega$	60		180	%
	集-发饱和电压	$U_{CE(sat)}$	$U_{CC}=5V,I_F=10mA,R_L=4.7k\Omega$		0.1	0.4	V
	集-发截止电流	I_{CEO}	$U_{CE}=5V,I_F=0$		0.01	1.0	μA

（6）光电耦合器的使用注意事项

① 在光电耦合器的输入部分和输出部分必须分别采用独立电源，若两端共用一个电源，则光电耦合器的隔离作用将失去意义。

② 当用光电耦合器来隔离输入、输出通道时，必须对所有的信号（包括数位量信号、控制量信号、状态信号）全部隔离，使得被隔离的两边没有任何电气上的联系，否则这种隔离是没有意义的。

③ 电源端与地之间应接 $0.1\mu F$ 左右的退耦电容。

④ 各参数设计使用时不应超过极限值。

⑤ 产品订购时，详细的电性能指标等参照相应的企业标准。

（7）光电耦合器的选型

在设计光电隔离电路时必须正确选择光电耦合器的型号及参数，选取原则如下。

① 由于光电耦合器为信号单向传输器件，而电路中数据的传输是双向的，电路板的尺寸要求一定，结合电路设计的实际要求，就要选择单芯片集成多路光电耦合器的器件。

② 光电耦合器的电流传输比（CTR）的允许范围是不小于 500%。因为当 $CTR<500\%$ 时，光电耦合器中的发光二极管就需要较大的工作电流（$>5.0mA$），

才能保证信号在长线传输中不发生错误，这会增大光电耦合器的功耗。

③ 光电耦合器的传输速度也是选取光电耦合器必须遵循的原则之一。光电耦合器的开关速度过慢，无法对输入电平作出正确反应，会影响电路的正常工作。

④ 推荐采用线性光电耦合器。其特点是 CTR 值能够在一定范围内作线性调整。设计中由于电路输入、输出均是一种高低电平信号，因此电路工作在非线性状态。而在线性应用中，因为信号不失真的传输，所以应根据动态工作的要求设置合适的静态工作点，使电路工作在线性状态。

（8）光电耦合器的检测方法

判断光电耦合器的质量好坏，可根据在路测量其内部二极管和三极管的正反向电阻来确定。更可靠的检测方法是以下三种。

① 比较法　拆下怀疑有问题的光电耦合器，用万用表测量其内部二极管、三极管的正反向电阻值，用其与质量好的光电耦合器对应脚的测量值进行比较，若阻值相差较大，则说明光电耦合器已损坏。

② 数字万用表检测法　下面以 PCI11 光电耦合器检测为例来说明数字万用表检测方法。检测时将光电耦合器内接二极管的＋端①脚和－端②脚分别插入数字万用表 h_{FE} 挡的 c、e 插孔内，此时数字万用表应置于 NPN 挡；然后将光电耦合器内光敏三极管 c 极⑤脚接指针式万用表的黑表笔，e 极④脚接红表笔，并将指针式万用表拨在 R×1k 挡。这样就能通过指针式万用表指针的偏转角度（实际上是光电流的变化）来判断光电耦合器的情况。指针向右偏转角度越大，说明光电耦合器的光电转换效率越高，即传输比越高，反之越低；若指针不动，则说明光电耦合器已损坏。

③ 光电效应判断法　仍以 PCI11 光电耦合器的检测为例，将万用表置于 R×1k 电阻挡，两表笔分别接在光电耦合器的输出端④、⑤脚，然后用一节 1.5V 的电池与一只 $50\sim100\Omega$ 的电阻串接，电池的正极端接 PCI11 的①脚，负极端碰接②脚，或者正极端碰接①脚，负极端接②脚，这时观察接在输出端万用表的指针偏转情况。如果指针摆动，说明光电耦合器是好的；如果指针不摆动，说明光电耦合器已损坏。万用表指针偏转角度越大，说明光电转换灵敏度越高。

项目2

红外测距传感器及其应用

近年来全球自然灾害频发，如地震、海啸严重影响人类生命安全，而二次灾难又给营救者带来极大的风险，这时搜救机器人就可以很好地代替营救者来搜救被困人群。传感器是搜救机器人不可缺少的器件，机器人上有很多种传感器，其中就有红外测距传感器。

任务 2.1　认识红外测距传感器

2.1.1　红外测距传感器概述

红外测距传感器是一种传感装置，是用红外线为介质的测量系统，具有测量范围广、响应时间短的特点，主要应用于现代科技、国防和工农业领域。红外测距传感器具有一对红外信号发射与接收二极管，利用红外测距传感器发射出一束红外光，在照射到物体后形成一个反射的过程，反射到传感器后接收信号，然后利用CCD图像处理接收发射与接收的时间差的数据，经信号处理器处理后计算出物体的距离。红外测距传感器测量原理如图 2-1 所示。红外测距传感器测量距离远，有很高的频率响应，适合于恶劣的工业环境中。红外线反射型传感器的检测距离与工作电压密切相关。工作电压越高，红外线反射功率越强，检测距离就越远；反之，工作电压低，检测距离就相对较近。

红外测距传感器发射的红外信号遇到障碍物时会反射回来，障碍物的远近不同，反射信号的距离强度也不同，红外测距传感器就是利用这个原理进行测距的。红外测距传感器具有一对红外信号发射与接收二极管，发射管发射特定频率的红外信号，接收管接收这种频率的红外信号，当红外的检测方向遇到障碍物时，红外信号反射回来被接收管接收，即可利用红外的返回信号来识别周围环境的变化，也可以利用三角关系探测物体的距离。测量原理如图 2-1 所示。

目前，使用较多的一种传感器是红外光电开关，如图 2-2 所示。它的发射频率一般为 38kHz 左右，探测距离一般比较短，通常被用作近距离障碍目标的识别。

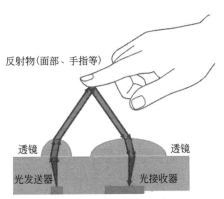

图 2-1　红外测距传感器测量原理示意图

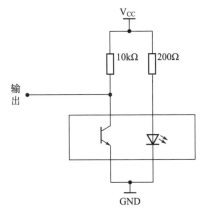

图 2-2　红外光电开关内部结构

2.1.2　红外测距传感器外形封装

目前市面上红外测距传感器有很多种，常见的红外测距传感器外形如图 2-3 所示。

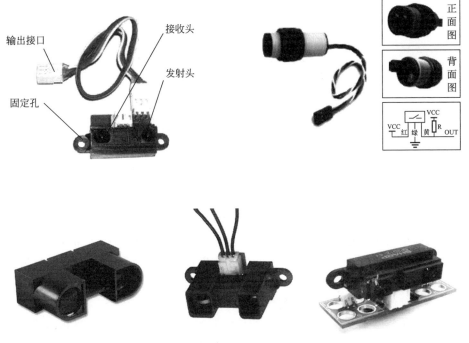

图 2-3　常见的红外测距传感器外形

2.1.3 红外测距传感器的特点

红外测距传感器的特点主要有以下四点。

① 远距离测量，在无反光板和反射率低的情况下能测量较远的距离。

② 有同步输入端，可多个传感器同步测量。

③ 测量范围广，响应时间短。

④ 外形设计紧凑，易于安装，便于操作。

2.1.4 红外测距传感器的原理及输出特性

（1）红外测距传感器的原理

红外测距传感器都是基于一个原理，即三角测量原理。如图 2-4 所示，红外线发射器按照一定的角度发射红外线光束，当遇到物体后光束会反射回来，如图 2-4 所示。反射回来的红外线被 CCD 检测器检测到并获得一个偏移值 L。利用三角关系，在知道了发射角度 α、偏移距 L、中心距 X 以及滤镜的焦距 f 后，传感器到物体的距离 D 就可以通过几何关系计算出来了。

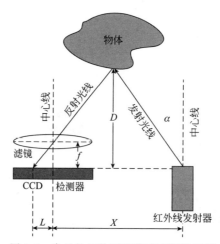

图 2-4　常见的红外测距传感器测距原理

由图 2-4 可以看到，当 D 的距离足够近时，L 值会相当大，超过 CCD 检测器的探测范围。这时虽然物体很近，但是传感器反而看不到了。当物体距离 D 很大时，L 值就会很小。这时 CCD 检测器能否分辨得出这个很小的 L 值就成为关键，也就是说 CCD 检测器的分辨率决定能不能获得足够精确的 L 值。要检测越远的物体，对 CCD 检测器的分辨率要求就越高。

（2）红外测距传感器的输出特性

红外测距传感器型号较多而且每种传感器的输出特性曲线都不尽相同，所以在实际使用前，最好能对所使用的传感器进行校正。对每个型号的传感器创建一张曲线图，以便在实际使用中获得真实的测量数据。夏普 GP2D12 红外测距传感器的输出特性曲线如图 2-5 所示，从图中可以看出其输出特性是非线性的。

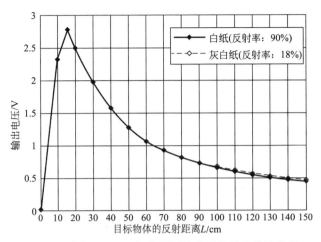

图 2-5　夏普 GP2D12 红外测距传感器的输出特性曲线

2.1.5　红外测距传感器的误差分析

误差按产生源可以分为人为误差、特性误差、环境误差三部分。

（1）人为误差

人为误差包括焊接过程中温度过高使传感器性能变化、测量过程中使镜片上粘上污垢等。红外测距传感器最高焊接温度一般在 260℃，焊接过程中烙铁不能与传感器接口接触太久，防止温度过高使传感器性能发生改变。

（2）特性误差

特性误差是设备本身固有的，它是设备理想、公认的转移功能特性和真实特性之间的差。任何物体都会辐射和反射红外线，不同颜色的物体对红外线的反射率也不同，因此对于红外测距传感器来说，周围环境的影响是造成传感器测量误差的重要原因之一。

（3）环境误差

环境误差的因素包括温度、摆动或其他因素。红外测距传感器应用很广泛，这就要求传感器能够适应各种环境。对于一些常用的测距传感器（如 GP2L01/GP2L01F），影响其测量数据准确性的环境误差是温度。而对于一些应用在汽车等方面的红外测距传感器，其内部结构需要根据摆动大的环境进行加固。

任务 2.2　认识夏普红外测距传感器

GP2D12 是夏普公司生产的一款红外测距传感器，广泛应用在各个领域。在机器人制作过程中，也时常用它进行机器人与障碍物之间的距离及行进速度等测量。

2.2.1　夏普 GP2D12 红外测距传感器外形及引脚

夏普 GP2D12 红外测距传感器的外形如图 2-6 所示。它有三条引线，分别接 5V 电源的正极、电源的负极和外部电路（一般接 A/D 转换器引脚）。

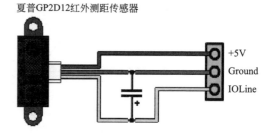

图 2-6　夏普 GP2D12 红外测距传感器外形

2.2.2　夏普 GP2D12 红外测距传感器技术参数

GP2D12 红外测距传感器技术参数如下。

① 探测距离：10～80cm。

② 工作电压：4～5.5V。

③ 标准电流消耗：33～50mA。

④ 最大允许倾斜角：＞40°。

⑤ 平均功耗：35mV·A。

⑥ 峰值功耗：约 200mV·A。

⑦ 更新频率/周期：25Hz/40ms。

⑧ 输出电压和探测距离成反比例。

2.2.3　夏普 GP2D12 红外测距传感器输入/输出关系

夏普 GP2D12 红外测距传感器的输入/输出关系曲线如图 2-5 所示。从图中可以看到，当被探测物体的距离小于 10cm 时，输出电压急剧下降。也就是说从电压读数来看，物体的距离应该是越来越远了，但是实际上并不是这样的，这就是所谓的盲区。每个传感器都有对应的盲区。表 2-1 给出几款夏普的红外测距传感器的探测范围，供读者选择。

表 2-1　几款夏普红外测距传感器的参数对比

序号	型号	输出方式	探测范围/cm
1	GP2D02	串口输出	10～80
2	GP2D05	数字输出	固定 24

序号	型号	输出方式	探测范围/cm
3	GP2D12	模拟输出	10～80
4	GP2D15	数字输出	24
5	GP2D120	模拟输出	4～30
6	GP2Y0A02YK	模拟输出	20～150
7	GP2Y0D02YK	数字输出	80

所有的模拟输出，其输出电压和距离成反比；数字输出只能检测在一定范围内物体是否存在，而不能提供距离的检测。

2.2.4　夏普 GP2D12 红外测距传感器使用性能评价

（1）优点

① 连接使用简单，对于 1m 以内的中距离测试精度良好、性能优越。

② 数据测量值稳定，测量结果波动较小。

③ 数据传输稳定，程序读取简单，不会在数据传输过程中出现卡死的现象，错误信号较少。

（2）缺陷

① GP2D12 测量范围有限，最大值为 80cm，并且从 60cm 开外的距离开始测量值的波动较大，与实际情况偏差增大。

② 当障碍物（或目标）与红外测距传感器之间的距离小于 10cm 时，测量值将与实际值出现明显偏差；当距离值从 10cm 降至 0 的过程中，测量值将在 10～35cm 之间递增。

③ 红外测距传感器使用时会受到环境光的影响，例如在室内使用时传感器在数据接收时可能会受到白炽灯光线的影响，产生一些非真的距离值。

任务 2.3　红外测距传感器的应用

2.3.1　项目总电路

红外测距传感器应用电路如图 2-7 所示。

2.3.2　电路各部分作用

（1）单片机控制电路

单片机控制电路是由单片机、外接时钟电路、复位电路三部分组成的最小系统。

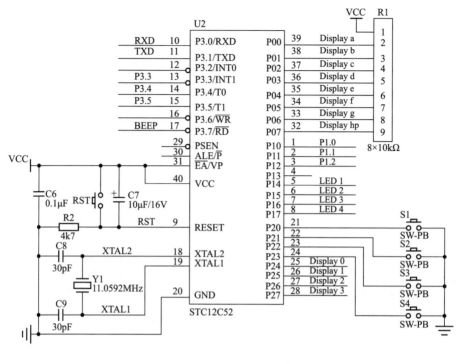

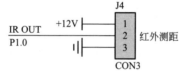

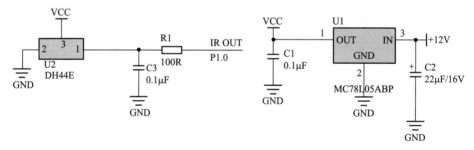

图 2-7 红外测距传感器应用电路

a. 单片机采用 STC12C52。

b. 时钟电路由独石电容 C8 和 C9、晶体振荡器 Y1 组成。

c. 复位电路由电解电容器 C7、复位按钮 RST、上拉电阻 R2 组成。

（2）传感器接口部分

红外测距传感器接口部分是通过插针 J4 接在单片机的 P1.0 引脚上的。

2.3.3　参考程序

```
# include < intrins. h>
# include < stdio. h>
# include < STC_NEW_8051. H>
# define uchar unsigned char
unsigned int count= 0,allcount= 0,readadcnum= 0;
unsigned int result,result1;
sbit one= P2^4;              //定义 4 位数码管
sbit two= P2^5;
sbit three= P2^6;
sbit four= P2^7;
uchar j,k;
unsigned char code table[ ]= {0xc0,0xf9,0xa4,0xb0,0x99,0x92,0x82,0xf8,0x80,
0x90};
                                     //共阳极数码管 0~9
/ ********************************
延时子程序
******************************** /
void delay(uchar i)
{
    for(j= i;j> 0;j--)
    for(k= 120;k> 0;k--);
}
/ ********************************
显示子程序
******************************** /
void display(unsigned int n)
{ P0= table[n/100% 10];   two= 0;delay(10);two= 1;
  P0= table[n/10% 10];    three= 0; delay(10); three= 1;
  P0= table[n% 10];    four= 0;delay(10);four= 1;//点亮小数点
}
/ ********************************
A/D 转换子程序
******************************** /
void initADC( )
{
    P1ASF= 0X01;                //00000001,设置 P1. 0 口为模拟功能 AD 使用
    ADC_CONTR|= 0xE8;          //模拟通道选择,11101000
    ADC_RES= 0;                //清零结果寄存器
```

```
    ADC_CONTR= 0xE0;                    //ADC 电源,转换速度,11100000
    delay(1);
}
/******************************
读取 A/D 转换数据子程序
****************************** /
void readadc()
{   ADC_CONTR|= 0x7f;                   // 转换结束,关闭 ADC 电源,01111111
    ADC_CONTR&= 0xEF;                   // A/D 转换完成,清除标志位 11101111
    result= (unsigned int) (1991/(ADC_RES+3))-7;     //转换结果
    {
    result1+= result;                   // 将转换结果装入中间变量 result1 中
    readadcnum++;                       // 将变量 readadcnum 加 1
    if(readadcnum= = 50)
{   result1= result1/50;               // 如果 readadcnum= 50,则执行下面程序体
    if(result1> 80)                    //如果 result1> 80,则执行下面程序体
        {allcount= 80;}
    else                               //否则执行下面程序体
    {allcount= result1;}               //将转换结果赋给 allcount 变量
    result1= 0;                        //将中间变量 result1 清零
    readadcnum= 0;                     //将变量 readadcnum 清零
    }
    }
    ADC_CONTR= 0x88;                   //打开电源,启动 A/D 转换器,为下次转换做准备
    }
/******************************
主程序
****************************** /
void main( )
{ initADC( );                         // 调用 A/D 转换子程序
while(1)                              // 无限循环
{    readadc( );                      // 调用读 A/D 转换数据子程序
            display(allcount);        // 调用显示子程序

    }
}
```

2.3.4　调试过程

本项目分别以白色纸盒和褐色木盒为目标物体进行调试，表 2-2 是调试记录的数据。

表 2-2 不同目标物体测试数据

	实际距离/cm	10	20	30	40	50	60	70	80
测量距离 /cm	目标物为白色纸盒	9	20	30	40	50	63	68	77
	目标物为褐色木盒	9	21	30	38	48	65	76	80

第一行为实际距离，第二行为目标物为白色纸盒时的测量距离，第三行为目标物为褐色木盒时的测量距离。读者比照表 2-2 中的数据，可以看出调试测量的数据和图 2-5 曲线中的数据基本吻合。同时还可以从表 2-2 中看出，GP2D12 基本不受障碍物的颜色影响。

通过单片机主板 J4 端子的第二脚可以测得红外测距的电压，同时接入到单片机内部 AD 的通道。

在硬件调试上，必须考虑以下两个问题。

（1）信号的线性化

因为输出与距离的关系是非线性的，为便于程序中使用距离信息，必须将模拟信号转换为相应的距离值。

（2）滤波问题

因为 GP2D12 的输出噪声很大，此外，由于测量的非连续性，导致连续的距离变化对应的输出为阶跃信号，也需要通过滤波将其平滑。

任务 2.4　知识拓展

2.4.1　红外辐射基本知识

2.4.1.1　红外辐射及红外辐射源

（1）红外辐射概念

红外辐射俗称红外线，它是一种人眼看不见的光线。但实际上它和其他任何光线一样，也是一种客观存在的物质。任何物体，只要它的温度高于热力学零度，就有红外线向周围空间辐射。红外辐射是位于可见光中红光以外的光线，故称为红外线。它的波长范围大致在 $0.78\mu m$ 到 $1000\mu m$ 的频谱范围之内。相对应的频率大致在 $4\times10^{14}\sim3\times10^{11}\,Hz$ 之间。

红外辐射与可见光一样，也具有反射、折射、散射、干涉、吸收等特性。它在真空中的传播速度为光速，即 $c=3\times10^{8}\,m/s$。

红外辐射在大气中传播时，由于大气中的气体分子、水蒸气以及固体微粒、尘埃等物质的吸收和散射作用，使辐射能在传输过程中逐渐衰减。但红外辐射在通过大气层时，在以下 3 个波段区间：$2\sim2.6\mu m$、$3\sim5\mu m$、$8\sim14\mu m$，大气对红外辐射几乎不吸收，故称之为"大气窗口"。这 3 个大气窗口对红外技术应用特别重要，红外仪器一般都工作在这 3 个窗口之内。

（2）红外辐射的重要参数

① 辐射能 Q　以辐射的形式发射、传播或接收的能量称为辐射能，其单位为焦耳（J）。

② 辐射能通量 Φ　单位时间内发射、传输或接收的辐射能称为辐射能通量，其单位为瓦特（W）。辐射能通量 Φ 计算公式为

$$\Phi = \frac{\mathrm{d}Q}{\mathrm{d}t}$$

③ 辐射强度 I　点辐射源向各个方向发出辐射，在某一方向，在单位立体角内发出的辐射能通量称为辐射强度，单位为瓦/球面度（W/sr）。辐射强度 I 计算公式为

$$I = \frac{\mathrm{d}\Phi}{\mathrm{d}\Omega}$$

④ 辐射出射度 M　辐射源单位发射面积发出的辐射能通量称为辐射出射度，其单位为瓦/米^2（W/m^2）。辐射出射度 M 计算公式为

$$M = \frac{\mathrm{d}\Phi}{\mathrm{d}S}$$

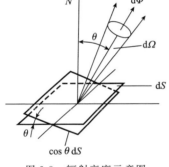

图 2-8　辐射亮度示意图

⑤ 辐射亮度 L 和光谱辐射亮度 L_λ　为了表征具有有限尺寸辐射源辐射能通量的空间发布，采用辐射亮度这样一个辐射量。

如图 2-8 所示，单位面积为 $\mathrm{d}S$ 的辐射面，在和表面法线 N 成 θ 角方向，在单位立体角 $\mathrm{d}\Omega$ 内发出的辐射能通量为 $\mathrm{d}\Phi$，则辐射亮度 L 为

$$L = \frac{\mathrm{d}\Phi}{\cos\theta\,\mathrm{d}S\,\mathrm{d}\Omega}$$

L 单位为瓦/（球面度·米^2）[W/(sr·m^2)]。

辐射亮度实际上是包括所有波长的辐射能量。

如果是辐射光谱中某一波长的辐射能量，则称为在此波长下的光谱辐射亮度 L_λ。

对于朗伯特辐射体（也称余弦辐射体），其在各个方向的辐射亮度都相等，且有 $M = \pi L$。实际辐射物体一般都可以看作朗伯特辐射体。

（3）黑体、白体和透明体

当物体接收到辐射能后，根据物体本身的性质，会发生部分能量吸收、透射和反射的现象，如图 2-9 所示。

由图 2-9 可以看出，总的辐射能 Q 与透射能 Q_D、反射能 Q_R、吸收能 Q_A 之间的关系如式（2-1）：

$$\frac{Q_A}{Q} + \frac{Q_D}{Q} + \frac{Q_R}{Q} = \alpha + \tau + \rho = 1 \qquad (2\text{-}1)$$

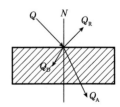

图 2-9　辐射能的分配

式中　α——吸收率，表示吸收的能量所占的比率；

　　　τ——透射率，表示透射的能量所占的比率；

　　　ρ——反射率，表示反射的能量所占的比率。

吸收率 $\alpha=1$ 的物体称为绝对黑体，简称黑体；反射率 $\rho=1$ 的漫反射的物体称为绝对白体，简称白体；反射率 $\rho=1$ 的镜面反射的物体称为镜体；透射率 $\tau=1$ 的物体称为绝对透明体，简称透明体。

红外辐射的强度及波长与物体的温度和辐射率有关，能在任何温度下全部吸收投射到其表面的红外辐射的物体称为黑体，能全部反射红外辐射的物体称为镜体，能全部透过红外辐射的物体称为透明体，能部分反射或吸收红外辐射的物体称为灰体。自然界并不存在理想的黑体、镜体和透明体，绝大部分物体都属于灰体。

2.4.1.2　红外辐射三大定律

（1）基尔霍夫定律

1860 年，基尔霍夫在研究辐射传输的过程中发现：在任一给定的温度下，辐射通量密度和吸收系数之比对任何材料都是常数，如式（2-2）所示。用一句精练的话表达，即"好的吸收体也是好的辐射体"。

$$E_R = \alpha E_0 \tag{2-2}$$

式中　E_R——物体在单位面积和单位时间内发射出的辐射能；

　　　α——物体的吸收系数；

　　　E_0——常数，其值等于黑体在相同条件下发射出的辐射能。

基尔霍夫定律是一切物体热辐射的普遍定律，它表明吸收本领大的物体，其发射本领也大。如果物体不能发射某波长的辐射，则也不能吸收该波长的辐射。

（2）斯蒂芬-玻尔兹曼定律

斯蒂芬-玻尔兹曼研究发现，物体温度越高，发射的红外辐射能越多，在单位时间内其单位面积辐射的总能量 E 与物体比辐射率成正比，与物体温度的四次方成正比。它们的关系如式（2-3）所示，即

$$E = \sigma \varepsilon T^4 \tag{2-3}$$

式中　T——物体的热力学温度，K；

　　　σ——斯蒂芬-玻尔兹曼常数，$\sigma = 5.67 \times 10^{-8} \text{W}/(\text{m}^2 \cdot \text{k}^4)$；

　　　ε——比辐射率，黑体的 $\varepsilon = 1$。

（3）普朗克辐射定律

黑体光谱辐出度与波长、热力学温度之间的关系如式（2-4）所示：

$$M_{eb}(\lambda, T) = \frac{c_1}{\lambda^5 (e^{c_2/\lambda T} - 1)} \tag{2-4}$$

式中　c_1——第一辐射常数，$c_1 = 2\pi hc^2 = 3.742 \times 10^{-16} \text{W} \cdot \text{m}^2$；

　　　c_2——第二辐射常数，$c_2 = hc/k = 1.4388 \times 10^{-2} \text{m} \cdot \text{K}$（$k$ 为波尔兹曼常数）；

　　　c——光速；

　　　λ——光的波长，m；

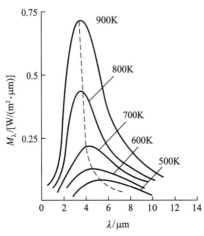

图 2-10　普朗克辐射定律示意图

T——热力学温度，K。

普朗克辐射定律描述了黑体光谱辐射能力随波长及温度的变化规律，其变化规律如图 2-10 所示。

2.4.2　红外传感器

红外传感器是将红外辐射能量转换为电量的一种传感器。

与其他探测技术相比，红外探测技术有如下主要优点。

① 环境适应性好，在夜间和恶劣气象条件下的工作能力优于可见光。

② 被动式工作，隐蔽性好，不易被干扰。

③ 靠目标和背景之间各部分的温度和发射率形成的红外辐射差进行探测，因而识别伪装目标的能力优于可见光。

④ 红外系统的体积小、重量轻、功耗低。

近年来，红外技术在军事领域和民用工程上都得到了广泛应用。红外技术在军事领域的应用主要包括以下几方面：

① 侦察、搜索和预警；

② 探测和跟踪；

③ 全天候前视和夜视；

④ 武器瞄准；

⑤ 红外制导导弹；

⑥ 红外成像相机；

⑦ 水下探潜、探雷技术。

红外技术在民用工程领域的应用主要是以下几方面。

① 在气象预报、地貌学、环境监测、遥感资源调查等领域的应用；

② 在地下矿井测温和测气中的应用；

③ 红外热像仪在电力、消防、石化以及医疗和森林火灾预报中的应用。

2.4.2.1　红外传感器概述

红外传感器（也称为红外探测器）是能将红外辐射能转换成电能的光敏器件，它是红外探测系统的关键部件，其性能好坏将直接影响系统性能的优劣。因此，选择合适的、性能良好的红外传感器，对于红外探测系统是十分重要的。

2.4.2.2　红外传感器类型

红外传感器主要有热敏型和光电型两大类。

（1）热敏型红外传感器

热敏型红外传感器是利用红外辐射的热效应制成的，其核心是热敏元件。热敏元件的响应时间长，一般在毫秒数量级以上。在加热过程中，不管什么波长的红外辐射，只要功率相同，其加热效果也是相同的。由于热敏型红外传感器对各种波长的红外辐射具有相同的响应效果，所以热敏传感器被称为"无选择性红外传感器"。

当热敏型红外传感器接收到的入射红外辐射变化时，就会引起红外传感器温度变化，进而使相关物理参数发生变化，所以通过测量有关物理参数的变化就可确定红外传感器所吸收的红外辐射的变化。

热敏型红外传感器的主要优点是响应波段宽、可以在室温下工作、使用简单，但是热敏型红外传感器的响应时间较长、灵敏度较低，所以一般用于低频调制的场合。

（2）光电型红外传感器

光电型红外传感器是利用红外辐射的光电效应原理制成的，其核心部分是光电元件，因此它的响应时间一般比热敏型短很多，最短的可达到纳秒数量级。此外，要使物体内部的电子改变运动状态，入射辐射的光子能量必须足够大，它的频率必须大于某一值，也就是必须高于截止频率。由于光电型红外传感器以光子为单元起作用，只要光子的能量足够，相同数目的光子基本上具有相同的效果，因此光电型红外传感器通常被称为"光子传感器"。这类传感器主要有红外二极管、红外三极管等。

2.4.2.3 红外传感器的应用

红外传感器一般应用于以下五个领域。

① 红外辐射计 用于辐射和光谱辐射测量。

② 搜索和跟踪系统 用于搜索和跟踪红外目标，确定其空间位置并对其运动进行跟踪。

③ 热成像系统 能形成整个目标的红外辐射分布图像。

④ 红外测距系统 实现物体间距离的测量。

⑤ 通信系统 红外线通信作为无线通信的一种方式。

2.4.2.4 红外传感器的性能参数

（1）电压响应

当（经过调制的）红外辐射照射到传感器的敏感面上时，传感器输出电压与输入红外辐射功率之比，称为传感器的电压响应率，记作 R_V，即

$$R_V = \frac{U_s}{P_0 A}$$

式中 U_s——红外传感器输出电压；

P_0——投射到红外敏感元件单位面积上的功率；

A——红外敏感元件的面积。

（2）响应波长范围

响应波长范围（或称光谱响应）是表示传感器的电压响应率与入射的红外辐射波长之间的关系，一般用曲线表示，如图 2-11 所示。

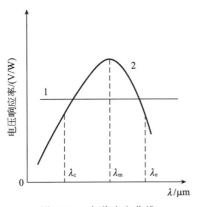

图 2-11 光谱响应曲线

其中，曲线 1 为热释电传感器的电压响应率曲线（与波长无关），曲线 2 为光子传感器的电压响应率曲线。

一般将响应率最大值所对应的波长称为峰值波长。把响应率下降到响应值的一半所对应的波长称为截止波长，它表示红外传感器使用的波长范围。

（3）噪声等效功率

如果投射到红外传感器敏感元件上的辐射功率所产生的输出电压，正好等于传感器本身的噪声电压，则这个辐射功率就称为"噪声等效功率"，通常用符号"NEP"表示。

$$NEP = \frac{P_0 A_0}{U_s / U_N} = \frac{U_N}{R_V}$$

式中 U_s——红外传感器的输出电压；

P_0——投射到红外敏感元件单位面积上的功率；

A_0——红外敏感元件的面积；

U_N——红外传感器的综合噪声电压；

R_V——红外传感器的电压响应率。

（4）探测率

探测率是噪声等效功率的倒数，即

$$D = \frac{1}{NEP} = \frac{R_V}{U_N}$$

红外传感器的探测率越高，表明传感器所能探测到的最小辐射功率越小，传感器就越灵敏。

（5）比探测率

比探测率又称归一化探测率，或者称为探测灵敏度。实质上就是当传感器的敏感元件面积为单位面积，放大器的带宽 Δf 为 1Hz 时，单位功率的辐射所获得的信号电压与噪声电压之比，通常用符号 D^* 表示。D^* 的物理量纲：$cm \cdot Hz^{1/2} \cdot W^{-1}$（300K）。

（6）时间常数

时间常数表示红外传感器的输出信号随红外辐射变化的速率。输出信号滞后于红外辐射的时间，称为传感器的时间常数，在数值上为

$$\tau = 1/2\pi f_c$$

式中 f_c ——响应率下降到最大值的 0.707（3dB）时的调制频率。

热传感器的热惯性和 RC 参数较大，其时间常数大于光子传感器，一般为毫秒级或更长；而光子传感器的时间常数一般为微秒级。

2.4.2.5 红外传感器使用中应注意的问题

① 使用红外传感器时，必须首先注意了解它的性能指标和应用范围，掌握它的使用条件。

② 选择红外传感器时要注意它的工作温度。一般要选择能在室温工作的红外传感器，设备简单、使用方便、成本低廉、便于维护。

③ 适当调整红外传感器的工作点。一般情况下，红外传感器有一个最佳工作点，只有工作在最佳偏流工作点时，红外传感器的信噪比最大。实际工作点最好稍低于最佳工作点。

④ 选用适当的前置放大器与红外传感器相配合，以获得最佳的探测效果。

⑤ 调制频率与红外传感器的频率响应相匹配。

⑥ 红外传感器的光学部分不能用手去摸、擦，防止损伤与沾污。

⑦ 红外传感器存放时注意防潮、防振和防腐蚀。

2.4.3 红外测温

2.4.3.1 红外测温的特点

① 红外测温是远距离和非接触测温，特别适合于高速运动物体、带电体、高温及高压物体的温度测量。

② 红外测温反应速度快，它不需要与物体达到热平衡的过程。只要接收到目标的红外辐射即可定温，反应时间一般都在毫秒级甚至微秒级。

③ 红外测温灵敏度高，因为物体的辐射能量与温度的四次方成正比，物体温度微小的变化，就会引起辐射能量成倍的变化，红外传感器即可迅速地检测出来。

④ 红外测温准确度较高。由于红外测温是非接触测量，不会破坏物体原来温度分布状况，因此测出的温度比较真实，其测量准确度可达到 0.1℃ 以内，甚至更小。

⑤ 红外测温范围广泛，可测量从零下几十摄氏度到零上几千摄氏度的温度范围。

2.4.3.2 红外测温原理

红外测温有几种方法，这里只介绍全辐射测温。全辐射测温是测量物体所辐射出来的全波段辐射能量来决定物体的温度。它是斯蒂芬-玻尔兹曼定律的应用，定律表达式为

$$W = \varepsilon \delta T^4$$

式中 W ——黑体的全波辐射力；

ε ——黑体表面的法向比辐射率；

δ ——斯蒂芬-玻尔兹曼常数；

T——物体的热力学温度，K。

一般物体的 ε 总是在 0 与 1 之间，$\varepsilon=1$ 的物体称为黑体。T 越大，物体的辐射功率就越大。

2.4.3.3　红外测温应用

热释电元件（图 2-12）在红外辐射检测中得到广泛的应用。它可用于能产生远红外辐射的人体检测，如防盗门、宾馆大厅自动门、自动灯的控制等。

图 2-12　热释电元件外形

【实例 1】　被动式人体移动检测仪

（1）电路结构

被动式人体移动检测电路如图 2-13 所示。在被动式人体移动检测仪中有两个关键性的元件：①热释电红外传感器，它能将波长为 $8\sim12\mu m$ 的红外信号转变为电信号，并对自然界中的白光信号具有抑制作用；②菲涅尔透镜。菲涅尔透镜有两个作用：一是聚焦作用，即将热释电的红外信号透射或反射在热释电红外传感器上；二是将警戒区内分为若干个明区和暗区，使进入警戒区的移动物体能以温度变化的形式在热释电红外传感器上产生变化的热释电红外信号，这样传感器就能产生变化的电信号。实验证明，传感器若不加菲涅尔透镜，其检测距离将小于 2m；而加上菲涅尔透镜后，其检测距离可大于 7m。

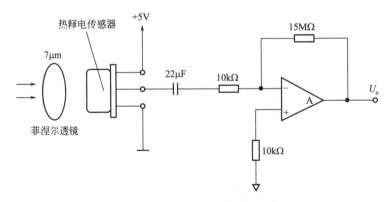

图 2-13　简单人体移动检测电路

（2）工作原理

被动式人体移动检测仪的工作原理是：当有人进入热释电红外传感器监测范围时，在传感器监测范围内温度有 ΔT 的变化，热释电效应导致在两个电极上产生电荷 ΔQ，即在两电极之间产生一微弱的电压 ΔU。由于它的输出阻抗极高，在传感器中有一个场效应管进行阻抗变换。由于热释电效应所产生的电荷 ΔQ 会被空气中的离子所结合而消失，当环境温度稳定不变时，$\Delta T = 0$，则传感器无输出。若人体进入检测区，通过菲涅尔透镜，热释电红外传感器就能感应到人体温度与背景温度的差异信号 ΔT，则有相应的输出；若人体进入检测区后不动，则温度没有变化，传感器也就没有输出。因此，被动式人体移动检测仪的红外探测的基本概念就是感应移动物体与背景物体的温度差异。

【实例 2】 红外辐射温度计

红外辐射温度计既可用于高温测量，又可用于冰点以下的温度测量，所以是辐射温度计的发展趋势。市售的红外辐射温度计的温度范围为 $-30 \sim 3000 ℃$，中间分成若干个不同的规格，可根据需要选择适合的型号。常见的红外辐射温度计外形如图 2-14 所示。

图 2-14　红外辐射温度计外形

【实例 3】 热释电报警器

热释电人体红外线传感器是在 20 世纪 80 年代末期出现的一种新型传感器，并迅速在防盗报警、自动控制、接近开关、遥控等领域得到广泛应用。

人体的温度一般在 37℃ 左右，会发出 $10\mu m$ 左右波长的红外线。在热释电人体红外传感器的警戒区内，当有人体移动时，传感器感应到人体温度与背景温度的差异信号，产生输出。热释电人体红外线传感器的结构和滤光窗的波长通带范围（$8 \sim 14\mu m$）决定了它可以抵抗可见光和大部分红外线、环境及自身温度变化的干扰，只对移动的人体敏感。显然，当人体静止或移动很缓慢时，传感器也不敏感。

热释电人体红外传感器前面通常要加菲涅尔透镜。如不使用菲涅尔透镜，热释电传感器的探测半径不足 2m，配上菲涅尔透镜后传感器的探测半径可达到 10m。

热释电报警器外形及结构如图 2-15 所示。

【实例 4】 红外测温仪

红外测温仪是利用热辐射体在红外波段的辐射通量来测量温度的。当物体的温

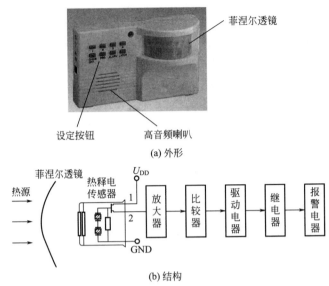

(a) 外形

(b) 结构

图 2-15　热释电报警器外形及结构

度低于 1000℃时，它向外辐射的不再是可见光而是红外光，可用红外测温仪检测温度。如采用分离出所需波段的滤光片，可使红外测温仪工作在任意红外波段。

　　红外测温仪由光学系统、调制器、红外传感器、放大器和指示器组成，如图 2-16 所示。光学系统可以是透射式的，也可以是反射式的。透射式光学系统的部件是用红外光学材料制成的。反射式光学系统多采用凹面玻璃反射镜，并在反射镜的表面镀金、铝、镍或铬等对红外辐射反射率很高的金属材料。

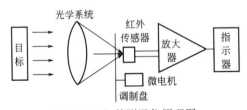

图 2-16　红外测温仪原理图

　　图 2-17 是目前常见的红外测温仪框图。它是一个包括光、机、电一体化的红外测温系统，图中的光学系统是一个固定焦距的透射系统，滤光片一般采用只允许 8～14pm 的红外辐射能通过的材料。步进电机带动调制盘转动，将被测的红外辐射调制成交变的红外辐射线。红外传感器一般为（钽酸锂）热释电传感器，透镜的焦点落在其光敏面上，被测目标的红外辐射通过透镜聚焦在红外传感器上，红外传感器将红外辐射变换为电信号输出。

　　红外测温仪电路比较复杂，包括前置放大、选频放大、温度补偿、线性化、发射率调节等。目前已出现一种带单片机的智能红外测温仪，利用单片机与软件的功

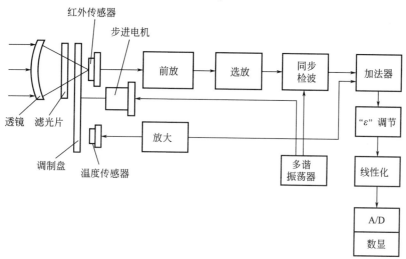

图 2-17 红外测温仪框图

能，大大简化了硬件电路，提高了仪表的稳定性、可靠性和准确性。

2.4.4 红外成像

在许多场合，人们不仅需要知道物体表面的平均温度，更需要了解物体的温度分布情况，以便分析、研究物体的结构，探测物体内部缺陷。红外成像就能将物体的温度分布以图像的形式直观地显示出来。

2.4.4.1 红外变像管成像

（1）红外变像管成像原理

当物体的红外辐射通过物镜照射到光电阴极上时，光电阴极表面的红外敏感材料——蒸涂的半透明银氧铯接收红外辐射后便发射光电子。光电阴极表面发射的光电子密度的分布，与表面的辐照度的大小成正比，也就是与物体发射的红外辐射成正比。

光电阴极发射的光电子在电场作用下飞向荧光屏，荧光屏上的荧光物质受到高速电子的轰击后便发出可见光。可见光辉度与轰击的电子密度的大小成比例，即与物体红外辐射的分布成比例。这样，物体的红外图像便被转换成可见光图像。人们通过观察荧光屏上的辉度明暗，便可知道物体各部位温度的高低。

（2）红外变像管结构

红外变像管是直接把物体红外图像变成可见图像的电真空器件。红外变像管主要由光电阴极、电子光学系统和荧光屏三部分组成，并封装在高度真空的密封玻璃壳内，如图 2-18 所示。

2.4.4.2 红外摄像管成像

红外摄像管是将物体的红外辐射转换成电信号，经过电子系统放大处理，再还

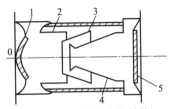

图 2-18　红外变像管结构

1—光电阴极；2—引管；3—屏蔽环；
4—聚焦加速极；5—荧光屏

原为光学像的成像装置。如光导摄像管、硅靶摄像管是工作在可见光或近红外区的，而热释电红外摄像管工作波段更长（中、远红外区）。下面就以热释电红外摄像管为例讲解红外摄像管成像原理。

（1）热释电红外摄像管的结构

热释电红外摄像管结构如图 2-19 所示，它主要由透镜、栅网、聚焦线圈、偏转线圈、电极、热释电靶、导电膜、斩光器等组成。

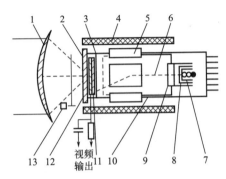

图 2-19　热释电红外摄像管结构

1—锗透镜；2—锗窗口；3—栅网；4—聚焦线圈；5—偏转线圈；6—电子束；7—阴极；
8—栅极；9—第一阳极；10—第二阳极；11—热释电靶；12—导电膜；13—斩光器

（2）热释电红外摄像管的工作原理

靶面为一热释电材料薄片，在接收辐射的一面覆以一层对红外辐射透明的导电膜。当经过调制的红外辐射经光学系统成像在靶上时，靶面因吸收红外辐射而温度升高并释放出电荷。靶面各点的热释电荷与靶面各点温度的变化成正比，且与靶面的辐照度成正比。因而，靶面各点的热释电量与靶面的辐照度成正比。当电子束在外加偏转电场和纵向聚焦磁场的作用下扫过靶面时，就得到与靶面电荷分布相一致的视频信号。通过导电膜取出视频信号，经视频放大器放大，再送到显像系统，在显像系统的屏幕上便可见到与物体红外辐射相对应的热像图。

值得注意的是：热释电材料只有在温度变化的过程中才产生热释电效应，温度一旦稳定，热释电就消失。所以，当对静止物体成像时，必须对物体的辐射进行调制。对于运动物体，可在无调制的情况下成像。

2.4.4.3　红外成像技术应用——红外夜视仪

红外夜视仪是一种利用红外成像技术达到侦察目的的设备。夜晚，由于各种物体温度不同，辐射红外辐射的强度不同，在夜视仪中就会有不同的图像。红外夜视仪可以清楚地显示黑暗中发生的行为，可用于在夜间追捕罪犯。

红外夜视仪分为主动式和被动式两种。前者不是利用目标自身发射的红外辐射来获得目标的信息，而是靠红外探照灯发射的红外辐射"照明"目标，并接收目标反射的红外辐射来侦察和显示目标，称为"主动式红外夜视仪"。后者不发射红外辐射，依靠目标自身的红外辐射形成"热图像"，故称为"热像仪"。

如今，这种夜视功能早被应用在摄像机中，并且得到快速的发展。

需要注意的是：因为红外夜视仪的前提是数码摄像机能发出人们肉眼看不到的红外辐射去照亮被拍摄的物体，所以说它的拍摄距离是有一定限制的。如果摄像机发出的红外辐射到达不了要拍摄的物体，那么当然就什么也拍不到了。

2.4.5 红外分析仪

（1）红外分析仪分类

根据不同的目的与要求，红外分析仪可设计成多种不同的形式，如红外气体分析仪、红外分光光度计、红外光谱仪等。

（2）红外分析仪作用

红外分析仪的作用如下。

① 识别物质分子的类型；

② 分析物质组成；

③ 分析和计算物质组成百分比。

（3）红外分析仪原理

红外气体分析仪，是利用红外辐射进行气体分析的仪器。它基于待分析组分的浓度不同，吸收的辐射能不同，剩下的辐射能使得检测器里的温度升高不同，动片薄膜两边所受的压力不同，从而产生一个电容检测器的电信号，这样就可间接测量出待分析组分的浓度。根据红外辐射在气体中吸收带的不同，可以对气体成分进行分析。例如，CO_2 对于波长为 $2.7\mu m$、$4.33\mu m$ 和 $14.5\mu m$ 红外光吸收相当强烈，并且吸收谱很宽，即存在吸收带。根据实验分析，只有 $4.33\mu m$ 吸收带不受大气中其他成分影响，因此可以利用这个吸收带来判别大气中的 CO_2 的含量。

红外分析仪是根据物质的吸收特性来进行工作的。许多化合物的分子在红外波段都有吸收带（图 2-20），而且因物质的分子不同，吸收带所在的波长和吸收的强

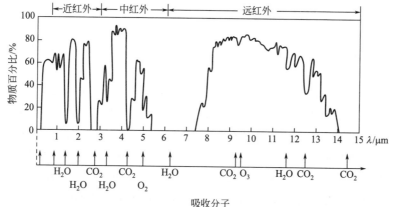

图 2-20   化合物分子在红外波段吸收带

弱也不相同。根据吸收带分布的情况与吸收的强弱，可以识别物质分子的类型，从而得出物质的组成及百分比。

（4）红外吸收型气体浓度测量原理

气体浓度红外检测的基本原理是依据每种气体分子都具有特定的红外吸收波长，以及朗伯特-比尔（Lambert-Beer）吸收定律。如果气体的吸收波段在红外辐射光谱范围内，那么当红外辐射通过气体时，在其特征吸收频率处就会发生能量强度衰减，衰减程度与气体浓度符合朗伯特-比尔（Lambert-Beer）吸收定律，即

$$I = I_0 e^{-\alpha CL}$$

式中　I——气体吸收后的透射光强；

　　　I_0——通过待测气体前的光强；

　　　α——吸收系数；

　　　C——待测气体浓度；

　　　L——光线在待测气体中穿过的有效路径长度。

对特定的气体，吸收系数 α 为常数。可见，当入射光强 I_0 和路径 L 不变时，待测气体浓度是透射光强 I 的单值函数。C-I 的关系经实验标定后，测出透射光强 I 即可知待测气体浓度。红外吸收型气体浓度测量原理框图如图 2-21 所示。

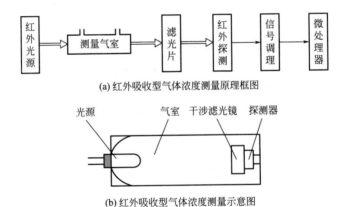

(a) 红外吸收型气体浓度测量原理框图

(b) 红外吸收型气体浓度测量示意图

图 2-21　红外吸收型气体浓度测量原理及测量示意图

工作时调节干涉滤光镜使其通过波段与待测气体吸收峰的光波波长相吻合，传感器检测出其信号强度为 $I_1 \propto k_1 I_0 e^{-\alpha CL}$。然后，调节干涉滤光镜使其通过的光波波段处于不被待测气体吸收的范围，传感器探测出光线在系统内的强度，即参考信号强度为 $I_2 \propto k_2 I_0$，两个信号的比值显示了气体对光线的吸收，同时也显示了气体的浓度。

下面给出红外传感器测量气体浓度的过程。过程 1 中气体没有进入测量气室，气室内气体浓度为零，红外输出最大，如图 2-22(a) 所示。过程 2 中部分气体进入测量气室内，气室内气体浓度增大，红外输出减小，如图 2-22(b) 所示。过程 3 中气体全部进入测量气室内，气室内气体浓度大大增加，红外输出进一步减小，如图 2-22(c) 所示。

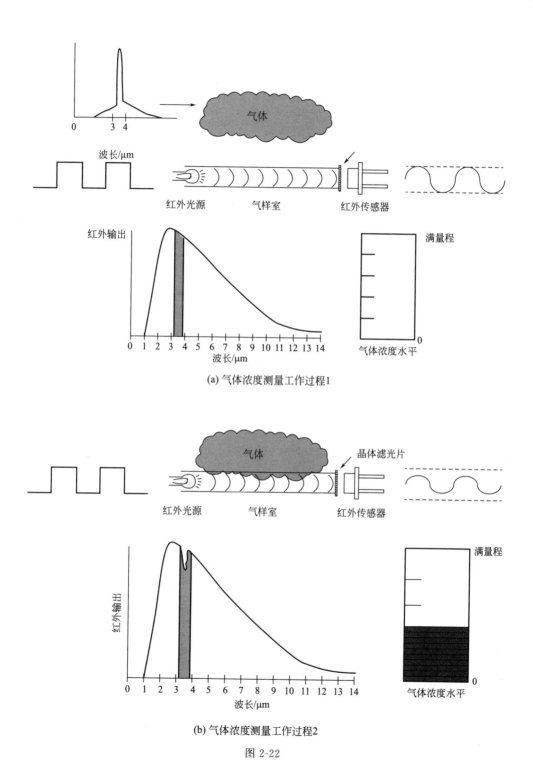

波长/μm

红外光源　　　气样室　　　红外传感器

红外输出

满量程

波长/μm

气体浓度水平

(a) 气体浓度测量工作过程1

气体

晶体滤光片

红外光源　　　气样室　　　红外传感器

红外输出

满量程

波长/μm

气体浓度水平

(b) 气体浓度测量工作过程2

图 2-22

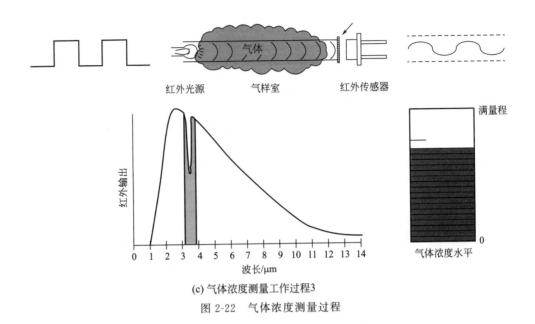

(c) 气体浓度测量工作过程3

图 2-22　气体浓度测量过程

（5）红外分析仪应用——医用二氧化碳气体分析仪

① 医用二氧化碳气体分析仪光系统图　医用二氧化碳气体分析仪是利用二氧化碳气体对波长为 $4.3\mu m$ 的红外辐射有强烈的吸收特性而进行测量分析的，主要用来测量、分析二氧化碳气体的浓度。医用二氧化碳气体分析仪的光系统图如图 2-23 所示。

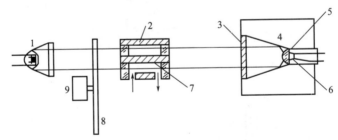

图 2-23　医用二氧化碳气体分析仪的光系统图

1—红外光源；2—标准气室；3—干涉滤光片；4—反射光锥；5—锗浸没透镜；
6—红外传感器；7—测量气室；8—调制盘；9—电动机

② 医用二氧化碳分析仪组成　医用二氧化碳分析仪由红外光源、调制系统、标准气室、测量气室、红外传感器等部分组成。在标准气室里充满了没有二氧化碳的气体（或含有定量二氧化碳的气体）。待测气体经采气装置，由进气口进入测量气室。调节红外光源，使之分别通过标准气室和测量气室。采用干涉滤光片滤光，只允许波长为 $(4.3\pm0.15)\mu m$ 的红外辐射通过，此波段正好是二氧化碳的吸收带。

医用二氧化碳气体分析仪电子线路框图如图 2-24 所示。

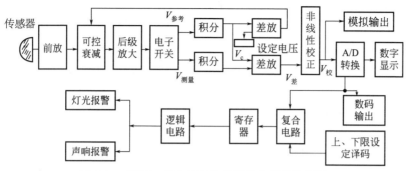

图 2-24　医用二氧化碳气体分析仪电子线路框图

③ 医用二氧化碳气体分析仪原理　假设标准气室中没有二氧化碳气体，而进入测量气室中的被测气体也不含二氧化碳气体时，则红外光源的辐射经过两个气室后射出的两束红外辐射完全相等。红外传感器相当于接收一束恒定不变的红外辐射，因此可看成只有直流响应，接于传感器后面的交流放大器是没有输出的。

当进入测量气室中的被测气体里含有二氧化碳时，射入气室的 $(4.3\pm0.15)\mu m$ 波段红外辐射被二氧化碳吸收，使测量气室中出来的红外辐射比标准气室中出来的红外辐射弱。被测气室中二氧化碳浓度越大，两个气室出来的红外辐射强度差别越大。红外传感器交替接收两束不等的红外辐射并输出一个交变电信号，经过电子系统处理与适当标定后，就可以根据输出信号的大小来判断被测气体中二氧化碳的浓度。

2.4.6　红外无损检测

（1）概述

红外无损检测是 20 世纪 60 年代后发展起来的新技术，通过测量热流或热量来鉴定金属或非金属材料质量、探测内部缺陷。对于某些采用 X 射线、超声波等无法探测的局部缺陷，用红外无损检测可取得较好的效果。

红外无损探伤仪可以用来检查部件内部缺陷，对部件结构无任何损伤。例如检查两块金属板的焊接质量，利用红外无损探伤仪能十分方便地检查漏焊或缺焊；为了检测金属材料的内部裂缝，也可利用红外无损探伤仪。红外无损探伤仪工作原理示意图如图 2-25 所示。

红外无损检测分为主动式和被动式两类。

① 主动式是人为地在被测物体上注入（或移出）固定热量，探测物体表面热量或热流变化规律，并以此分析判断物体的质量。

② 被动式则是用物体自身的热辐射作为辐射源，探测其辐射的强弱或分布情况，判断物体内部有无缺陷。

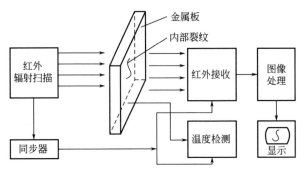

图 2-25　红外无损探伤仪工作原理示意图

（2）金属材料焊接缺陷的无损检测

焊口表面起伏不平，采用 X 射线、超声波、涡流等方法难以发现缺陷。红外无损检测则不受表面形状限制，能方便和快速地发现焊接区域的各种缺陷。图 2-26 就是焊接缺陷的无损检测示意图。由于集肤效应和焊接缺陷所引起的表面电流密集情况可以检测出焊接是否有缺陷。

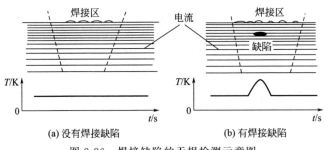

图 2-26　焊接缺陷的无损检测示意图

（3）焊接缺陷无损检测的原理

若将一交流电压加在焊接区的两端，在焊口上会有交流电流通过。由于电流的集肤效应，靠近表面的电流密度将比下层大。由于电流的作用，焊口将产生一定的热量，热量的大小正比于材料的电阻率和电流密度的平方。在没有缺陷的焊接区内，电流分布是均匀的，各处产生的热量大致相等，焊接区的表面温度分布是均匀的。而存在缺陷的焊接区，由于缺陷（气孔）的电阻很大，使这一区域损耗增加，温度升高。应用红外测温设备即可清楚地测量出热点，由此可断定热点下面存在着焊接缺陷。

采用交流电加热的好处是可通过改变电源频率来控制电流的透入深度。低频电流透入较深，对发现内部深处缺陷有利；高频电流集肤效应强，表面温度特性比较明显。但表面电流密度增加后，材料可能达到饱和状态，可变更电流沿深度方向分布，使近表面产生的电流密度趋向均匀，给探测造成不利影响。

（4）金属铸件内部缺陷探测

当用红外无损探测时，只需在铸件内部通以液态氟利昂冷却，使冷却通道内有最好的冷却效果，然后利用红外热像仪快速扫描铸件整个表面。如果通道内有残余型芯或者壁厚不匀，在热图中即可明显地看出：冷却通道畅通，冷却效果良好，热图上显示出一系列均匀的白色条纹；冷却通道阻塞，冷却液体受阻，则在阻塞处显示出黑色条纹。

（5）金属材料疲劳裂纹探测

① 实验方法　为了探测出疲劳裂纹位置，采用一个点辐射源在蒙皮表面一个小面积上注入能量；然后，用红外辐射温度计测量表面温度。

② 现象及分析　如果在蒙皮表面或表面附近存在疲劳裂纹，则热传导受到影响，在裂纹附近热量不能很快传输出去，使裂纹附近表面温度很快升高。即当辐射源分别移到裂纹两边时，由于裂纹不让热流通过，因而裂纹两边温度都很高。当热源移到裂纹上时，表面温度下降到正常温度。

然而在实际测量中，由于受辐射源尺寸的限制、辐射源和红外探测器位置的影响，以及高速扫描速度的影响，从而使温度曲线呈现出实线的形状。金属材料疲劳裂纹探测示意图如图 2-27 所示。

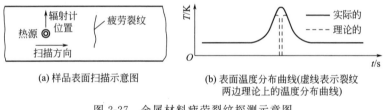

(a) 样品表面扫描示意图　　(b) 表面温度分布曲线(虚线表示裂纹两边理论上的温度分布曲线)

图 2-27　金属材料疲劳裂纹探测示意图

项目3

温度传感器及其应用

温度是表征物体冷热程度的物理量，是工农业生产过程中一个很重要而普遍的测量参数。温度的测量及控制对保证产品质量、提高生产效率、节约能源、安全生产、促进国民经济的发展起到非常重要的作用。由于温度测量的普遍性，温度传感器的数量在各种传感器中居首位，约占50%。

温度传感器用途十分广泛，可用作温度测量与控制、温度补偿、流速/流量和风速测定、液位指示、温度测量、紫外线和红外线测量、微波功率测量等，被广泛地应用于彩色显示器、切换式电源、热水器、电冰箱、空调、汽车等领域。

温度传感器是指能感受温度并转换成可用输出信号的传感器。温度传感器是温度测量仪表的核心部分，品种繁多。温度传感器按测量方式可分为接触式和非接触式两大类，按传感器材料及电子元件特性分为热电阻和热电偶两类。本项目我们重点学习热敏电阻、金属热电阻及热电偶三类温度传感器，了解它们的特点、工作原理及应用。

任务 3.1　认识热敏电阻

3.1.1　热敏电阻概述

热敏电阻是敏感元件的一类，其外形封装如图 3-1 所示。热敏电阻的典型特点是对温度敏感，不同的温度下表现出不同的电阻值。

热敏电阻温度传感器（Thermistor Temperature Probe）是根据周围环境温度变化而改变自身电阻的温度传感装置。由于热敏电阻的电阻很容易测得，所以通常当作温度传感器使用。热敏电阻的输出曲线如图 3-2 所示。

热敏电阻用途十分广泛，主要应用在以下几方面。

① 利用电阻-温度特性来测量温度、控制温度和元件、器件、电路的温度补偿。

图 3-1 常见热敏电阻外形封装

② 利用非线性特性完成稳压、限幅、开关、过电流保护等作用。

③ 利用不同媒质中热耗散特性的差异测量流量、流速、液面、热导、真空度等。

④ 利用热惯性作为时间延迟器。

热敏电阻的缺点如下。

① 阻值与温度的关系非线性严重。

② 元件的一致性差，互换性差。

③ 元件易老化，稳定性较差。

④ 除特殊高温热敏电阻外，绝大多数热敏电阻仅适合在 0～150℃ 范围使用，使用时必须注意。

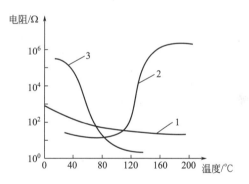

图 3-2 热敏电阻的输出曲线
1—负温度系数（NTC）；2—正温度系数（PTC）；
3—临界温度系数（CTR）

3.1.2 热敏电阻分类

热敏电阻按输出特性可分为正温度系数热敏电阻（PTC）、负温度系数热敏电阻（NTC）及临界温度热敏电阻（CTR）三类。

（1）PTC 热敏电阻

PTC（Positive Temperature Coefficient）是指在某一温度下电阻急剧增加、具有正温度系数的热敏电阻现象或材料，可专门用作恒定温度传感器。常见的

PTC 热敏电阻实物如图 3-3 所示。

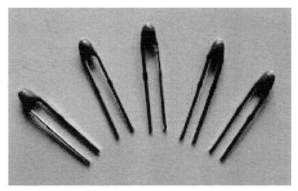

图 3-3　PTC 热敏电阻实物

实验表明，在工作温度范围内，PTC 热敏电阻的电阻-温度特性可近似用实验公式表示：

$$R_T = R_{T_0} \exp B_p (T - T_0)$$

式中，R_T 表示温度为 T 时的电阻值；R_{T_0} 表示温度为 T_0 时电阻值；B_p 为 PTC 热敏电阻的材料常数。

PTC 热敏电阻除用作加热元件外，还能起到"开关"的作用，兼有敏感元件、加热器和开关三种功能，称之为"热敏开关"。电流通过元件后引起温度升高，即发热体的温度上升，当超过居里点温度后电阻增加，从而限制电流增加，于是电流的下降导致元件温度降低，电阻值的减小又使电路电流增加，进而促使元件温度升高，以此周而复始，因此 PTC 热敏电阻具有使温度保持在特定范围的功能，起到开关作用。利用这种阻温特性做成加热源，作为加热元件应用的有暖风器、电烙铁、烘衣柜、空调等，还可对电器起到过热保护作用。

（2）NTC 热敏电阻

NTC（Negative Temperature Coefficient）是指随温度上升电阻呈指数关系减小、具有负温度系数的热敏电阻现象和材料。常见的 NTC 热敏电阻实物如图 3-4 所示。

该材料是利用锰、铜、硅、钴、铁、镍、锌等两种或两种以上的金属氧化物进行充分混合、成型、烧结等工艺而成的半导体陶瓷，可制成具有负温度系数（NTC）的热敏电阻。NPC 热敏电阻电阻率和材料

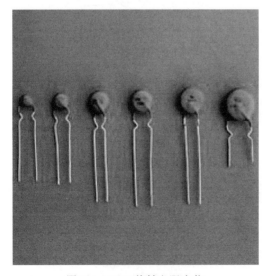

图 3-4　NTC 热敏电阻实物

常数随材料成分比例、烧结气氛、烧结温度和结构状态不同而变化。现在还出现了以碳化硅、硒化锡、氮化钽等为代表的非氧化物系 NTC 热敏电阻材料。

NTC 热敏半导瓷大多是尖晶石结构或其他结构的氧化物陶瓷，具有负温度系数，其电阻值可近似表示为

$$R_T = R_{T_0} \exp[B_n(1/T - 1/T_0)]$$

式中　R_T——温度为 T 时的电阻值；

　　　R_{T_0}——温度为 T_0 时电阻值；

　　　B_n——NTC 热敏电阻的材料常数。

NTC 热敏电阻广泛用于测温、控温、温度补偿等方面。下面介绍一个温度测量的应用实例。

NTC 热敏电阻的测量范围一般为 $-10 \sim +300℃$，也可做到 $-200 \sim +10℃$，甚至可用于 $+300 \sim +1200℃$ 环境中作测温用。

一般用电桥测量热敏电阻的阻值变化，如图 3-5 所示。

RT 为 NTC 热敏电阻；R2 和 R3 是电桥平衡电阻；R1 为起始电阻；R4 为满刻度电阻，用于校验表头，也称校验电阻；R7、R8 为分压电阻，为电桥提供一个稳定的直流电源；R6 与表头（微安表）串联，起修正表头刻度和限制流经表头的电流的作用；R5 与表头并联，起保护作用。在不平衡电桥臂（即 R1、RT）接入一只热敏元件 RT 作为温度传感探头。由于热敏电阻的阻值随温度的

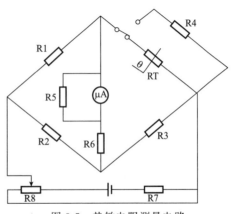

图 3-5　热敏电阻测量电路

变化而变化，因而使接在电桥对角线间的表头指示也相应变化，这就是热敏电阻温度计的工作原理。

热敏电阻温度计的精度可以达到 0.1℃，感温时间可少至 10s 以下。它不仅适用于粮仓测温，也可应用于食品储存、医药卫生、科学种田、海洋、深井、高空、冰川等方面的温度测量。

（3）CTR 热敏电阻

临界温度热敏电阻 CTR（Critical Temperature Resistor）具有负电阻突变特性，在某一温度下，电阻值随温度的增加急剧减小，具有很大的负温度系数。CTR 热敏电阻构成材料是钒、钡、锶、磷等元素氧化物的混合烧结体，是半玻璃状的半导体，也称 CTR 为玻璃态热敏电阻。骤变温度随添加锗、钨、钼等的氧化物而变，这是由于不同杂质的掺入，使氧化钒的晶格间隔不同造成的。若在适当的还原气氛中五氧化二钒变成二氧化钒，则电阻急变温度变大；若进一步还原为三氧化二钒，则急变消失。产生电阻急变的温度对应于半玻璃半导体物性急变的位置，因此产生半导体-金

属相移。CTR 热敏电阻能够作为控温报警等应用。

常用的 CTR 热敏电阻实物如图 3-6 所示。

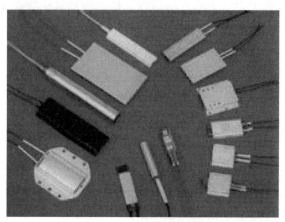

图 3-6　CTR 热敏电阻实物

热敏电阻的理论研究和应用开发已取得了引人注目的成果。随着高、精、尖科技的应用，对热敏电阻导电机理和应用的更深层次的探索，以及对性能优良的新材料的深入研究，将会取得迅速发展。

3.1.3　热敏电阻技术参数

热敏电阻的技术参数主要有如下几个。

（1）标称阻值 R_c

标称阻值一般指环境温度为 25℃时热敏电阻的实际电阻值。

（2）实际阻值 R_T

实际阻值是指在一定的温度条件下所测得的电阻值。

（3）材料常数 B

它是一个描述热敏电阻材料物理特性的参数，也是热灵敏度指标。B 值越大，表示热敏电阻的灵敏度越高。应注意的是，在实际工作时，B 值并非一个常数，而是随温度的升高略有增加。

（4）电阻温度系数 α_T

它表示温度变化 1℃时的阻值变化率，单位为％/℃。

（5）时间常数 τ

热敏电阻是有热惯性的，时间常数就是一个描述热敏电阻热惯性的参数。它的定义为：在无功耗的状态下，当环境温度由一个特定温度向另一个特定温度突然改变时，热敏电阻的温度变化了两个特定温度之差的 63.2％所需的时间。τ 越小，表明热敏电阻的热惯性越小。

（6）额定功率 P_M

额定功率是指在规定的技术条件下，热敏电阻长期连续负载所允许的耗散功率。在实际使用时不得超过额定功率。若热敏电阻工作的环境温度超过 25℃，则必须相应降低其负载。

（7）额定工作电流 I_M

额定工作电流是指热敏电阻在工作状态下规定的名义电流值。

（8）测量功率 P_c

测量功率是指在规定的环境温度下，热敏电阻受测试电流加热而引起的阻值变化不超过 0.1％时所消耗的电功率。

（9）最大电压

对于 NTC 热敏电阻，最大电压是指在规定的环境温度下，不使热敏电阻引起热失控所允许连续施加的最大直流电压；对于 PTC 热敏电阻，最大电压是指在规定的环境温度和静止空气中，允许连续施加到热敏电阻上并保证热敏电阻正常工作在 PTC 特性部分的最大直流电压。

（10）最高工作温度 T_{max}

最高工作温度是指在规定的技术条件下，热敏电阻长期连续工作所允许的最高温度。

（11）开关温度 t_b

开关温度是指 PTC 热敏电阻的电阻值开始发生跃增时的温度。

（12）耗散系数 H

耗散系数是指温度增加 1℃时，热敏电阻所耗散的功率，单位为 mW/℃。

3.1.4　热敏电阻检测方法

检测时用万用表电阻挡（视标称电阻值确定挡位，一般为 R×1 挡），具体可分为以下两步操作。

① 常温检测（室内温度接近 25℃）　用鳄鱼夹代替表笔分别夹住 PTC 热敏电阻的两引脚测出其实际阻值，并与标称阻值相对比，两者相差在 ±2Ω 内即为正常；实际阻值若与标称阻值相差过大，则说明其性能不良或已损坏。

② 加温检测　在常温测试正常的基础上，即可进行加温检测，将一热源（如电烙铁）靠近热敏电阻对其加热，观察万用表示数，此时如看到万用表示数随温度的升高而改变，这表明电阻值在逐渐改变（NTC 热敏电阻阻值会变小，PTC 热敏电阻阻值会变大），当阻值改变到一定数值时显示数据会逐渐稳定，说明热敏电阻正常；若阻值无变化，说明其性能变劣，不能继续使用。

测试时应注意以下几点。

① R_T 是生产厂家在环境温度为 25℃时所测得的，所以用万用表测量 R_T 时，亦应在环境温度接近 25℃时进行，以保证测试的可信度。

② 测量功率不得超过规定值，以免电流热效应引起测量误差。

③ 测试时，不要用手捏住热敏电阻体，以防止人体温度对测试产生影响。

④ 注意不要使热源与 PTC 热敏电阻靠得过近或直接接触热敏电阻，以防止将其烫坏。

任务 3.2　认识金属热电阻

3.2.1　金属热电阻概述

　　金属热电阻（thermal resistor）是中低温区最常用的一种温度检测器。金属热电阻的主要特点是测量精度高，性能稳定。其中铂热电阻的测量精确度是最高的，它不仅广泛应用于工业测温，而且被制成标准的基准仪。金属热电阻常用的感温材料种类较多，最常用的是铂丝。工业测量用金属热电阻材料除铂丝外，还有铜、镍、铁、铁-镍等。常见的金属热电阻外形封装如图 3-7 所示。

(a) 高温贵金属热电阻　　　　(b) 铂热电阻　　　　(c) 高温线芯铜热电阻

图 3-7　常见金属热电阻外形封装

3.2.2　金属热电阻工作原理

　　金属热电阻的测温原理是基于导体的电阻值随温度变化而变化这一特性来测量温度及与温度有关的参数。金属热电阻通常需要把电阻信号通过引线传递到计算机控制装置或者其他二次仪表上。

　　热电阻是基于电阻的热效应进行温度测量的，即电阻体的阻值随温度的变化而变化的特性。因此，只要测量出热电阻的阻值变化，就可以测量出温度。

　　金属热电阻的电阻值和温度一般可以用以下的近似关系式表示，即

$$R_t = R_{t_0}[1 + \alpha(t - t_0)]$$

式中　R_t——温度 t 时对应的电阻值；

　　　R_{t_0}——温度 t_0（通常 $t_0 = 0℃$）时对应的电阻值；

　　　α——温度系数。

　　目前我国最常用的铂热电阻有 $R_0 = 10\Omega$、$R_0 = 100\Omega$ 和 $R_0 = 1000\Omega$ 等几种，它们的分度号分别为 Pt10、Pt100、Pt1000；铜热电阻有 $R_0 = 50\Omega$ 和 $R_0 = 100\Omega$ 两种，它们的分度号为 Cu50 和 Cu100。其中 Pt100 和 Cu50 的应用最为广泛。

　　（1）Pt100 热电阻

　　Pt100 是铂热电阻，它的阻值会随着温度的变化而改变。Pt 后的 100 即表示在

0℃时阻值为 100Ω，在 100℃时它的阻值约为 138.5Ω。

① Pt100 热电阻的工作原理　Pt100 在 0℃时的阻值为 100Ω，它的阻值会随着温度上升而成近似匀速增长。但它们之间的关系并不是简单的正比关系，而是趋近于一条抛物线。

铂热电阻的阻值随温度的变化而变化的计算公式：

$$-200℃ < t < 0℃ : R_t = R_0 [1 + At + Bt^2 + C(t - 100)t^3] \tag{3-1}$$

$$0℃ \leqslant t < 850℃ : R_t = R_0(1 + At + Bt^2) \tag{3-2}$$

式中　　　　R_t——t℃时的电阻值；

　　　　　　R_0——0℃时的电阻值；

系数 A，B，C——实验测定。

这里给出标准系数：$A = 3.9083E-3$、$B = -5.775E-7$、$C = -4.183E-12$。

② Pt100 热电阻分度表　所谓分度表是指热电阻的阻值随温度变化而变化的表格，横竖温度的交叉点的阻值就是该温度时的值，如表 3-1 所示。例如横向温度为 100℃，竖向温度为 10℃，则 110℃所对应的阻值为 142.29Ω。

表 3-1　Pt100 热电阻分度表

温度	0℃	−10℃	−15℃	−20℃	−30℃	−40℃	−50℃	−60℃	−70℃	−80℃	−85℃	−90℃	−95℃	−100℃
−100℃	60.26	56.19	54.15	52.11	48	43.88	39.72	35.54	31.34	27.1	24.97	22.83	20.68	18.52
0℃	100	96.09	94.12	92.16	88.22	84.27	80.31	76.33	72.33	68.33	66.31	64.3	62.28	60.26

温度	0℃	10℃	15℃	20℃	30℃	40℃	50℃	60℃	70℃	80℃	85℃	90℃	95℃	100℃
0℃	100	103.9	105.85	107.79	111.67	115.54	119.4	123.24	127.08	130.9	132.8	134.71	136.61	138.51
100℃	138.51	142.29	144.18	146.07	149.83	153.58	157.33	161.05	164.77	168.48	170.33	172.17	174.02	175.86
200℃	175.86	179.53	181.36	183.19	186.84	190.47	194.1	197.71	201.31	204.9	206.7	208.48	210.27	212.05
300℃	212.05	215.61	217.38	219.15	222.68	226.21	229.72	233.21	236.7	240.18	241.91	243.64	245.37	247.09
400℃	247.09	250.53	252.25	253.96	257.38	260.78	264.18	267.56	270.93	274.29	275.97	277.64	279.31	280.98
500℃	280.98	284.3	285.96	287.62	290.92	294.21	297.49	300.75	304.01	307.25	308.87	310.49	312.1	313.71
600℃	313.71	316.92	318.52	320.12	323.7	326.48	329.64	332.79	335.93	339.06	340.62	342.18	343.73	345.28
700℃	345.28	348.38	349.92	351.46	354.53	357.59	360.64	363.67	366.7	369.71	371.21	372.71	374.21	375.7
800℃	375.7	378.68	380.17	381.65	384.6	387.55	390.48							

（2）Cu50 热电阻

Cu50 是铜热电阻，它的阻值会随着温度的变化而改变。Cu 后的 50 表示在 0℃时阻值为 50Ω，在 100℃时阻值约为 71.400Ω，它的阻值会随着温度上升而匀速增长，即阻值随温度呈现正向变化趋势。

在 −50℃ < t < 150℃时，Cu50 热电阻的阻值随温度变化公式为

$$R_t = R_0(1 + At + Bt^2 + Ct^3)$$

式中，A、B、C 为常数，$A = 4.28899 \times 10^{-3} ℃^{-1}$，$B = -2.133 \times 10^{-7} ℃^{-2}$，$C = 1.233 \times 10^{-9} ℃^{-3}$。

Cu50 热电阻分度表如表 3-2 所示。

表 3-2　Cu 50 热电阻分度表

温度/℃	0	−1	−2	−3	−4	−5	−6	−7	−8	−9
0	50	49.786	49.571	49.356	49.142	48.927	48.713	48.498	48.284	48.069
−10	47.854	47.639	47.425	47.21	46.995	46.78	46.566	46.351	46.136	45.921
−20	45.706	45.491	45.276	45.061	44.846	44.631	44.416	44.2	43.985	43.77
−30	43.555	43.349	43.124	42.909	42.693	42.478	42.262	42.047	41.831	41.616
−40	41.4	41.184	40.969	40.753	40.537	40.322	40.106	39.89	39.674	39.458
−50	39.242									

温度/℃	0	1	2	3	4	5	6	7	8	9
0	50	50.214	50.429	50.643	50.858	51.072	51.286	51.501	51.715	51.929
10	52.144	52.358	52.572	52.786	53	53.215	53.429	53.643	53.857	54.071
20	54.285	54.5	54.714	54.928	55.142	55.356	55.57	55.784	55.998	56.212
30	56.426	56.64	56.854	57.068	57.282	57.496	57.71	57.924	58.137	58.351
40	58.565	58.779	58.993	59.207	59.421	59.635	59.848	60.062	60.276	60.49
50	60.704	60.918	61.132	61.345	61.559	61.773	61.987	62.201	62.415	62.628
60	62.842	63.056	63.27	63.484	63.698	63.911	64.125	64.339	64.553	64.767
70	64.981	65.194	65.408	65.622	65.836	66.05	66.264	66.478	66.692	66.906
80	67.12	67.333	67.547	67.761	67.975	68.189	68.403	68.617	68.831	69.045
90	69.259	69.473	69.687	69.901	70.115	70.329	70.544	70.762	70.972	71.186
100	71.4	71.614	71.828	72.042	72.257	72.471	72.685	72.899	73.114	73.328
110	73.542	73.751	73.971	74.185	74.4	74.614	74.828	75.043	75.258	75.477
120	75.686	75.901	76.115	76.33	76.545	76.759	76.974	77.189	77.404	77.618
130	77.833	78.048	78.263	78.477	78.692	78.907	79.122	79.337	79.552	79.767
140	79.982	80.197	80.412	80.627	80.843	81.058	81.272	81.488	81.704	81.919
150	82.134									

铜热电阻的线性较好、价格低、电阻率低，因而体积较大，热响应慢，利用这一特点可以制作测量区域平均温度的感温元件。常见的 Cu50 感温元件有陶瓷元件、玻璃元件、云母元件，它们是由铜丝分别绕在陶瓷骨架、玻璃骨架、云母骨架上再经过复杂的工艺加工而成的。

3.2.3 金属热电阻分类

（1）普通热电阻

从热电阻的测温原理可知，被测温度的变化是直接通过热电阻阻值的变化来测量的。因此，热电阻体的引出线等各种导线电阻的变化会给温度测量带来影响。

（2）铠装热电阻

铠装热电阻是由感温元件（电阻体）、引线、绝缘材料、不锈钢套管组合而成的坚实体。它的外径一般为 $\phi 3 \sim 8mm$，最小可达 $\phi 2mm$。与普通热电阻相比，它有下列优点。

① 体积小，内部无空气隙，热惯性小，测量滞后小。

② 力学性能好，耐振，抗冲击。

③ 能弯曲，便于安装。

④ 使用寿命长。

（3）端面热电阻

端面热电阻感温元件由经特殊处理的电阻丝材绕制，紧贴在温度计端面。它与一般轴向热电阻相比，能更正确和快速地反映被测端面的实际温度，适用于测量轴瓦和其他机件的端面温度。

（4）隔爆型热电阻

隔爆型热电阻通过特殊结构的接线盒，把其外壳内部爆炸性混合气体因受到火花或电弧等影响而发生的爆炸局限在接线盒内，生产现场不会引起爆炸。隔爆型热电阻可用于 B1a～B3c 级区内具有爆炸危险场所的温度测量。

任务 3.3 认识热电偶

3.3.1 热电偶概述

在工业生产过程中，温度是需要测量和控制的重要参数之一。在温度测量中，热电偶的应用极为广泛，它具有结构简单、制造方便、测量范围广、精度高、惯性小和输出信号便于远传等许多优点。另外，由于热电偶是一种有源传感器，测量时不需外加电源，使用十分方便，所以常被用作测量炉子、管道内气体或液体的温度及固体的表面温度。

热电偶（thermocouple）是温度测量仪表中常用的测温元件，它直接测量温度，并把温度信号转换成热电动势信号，通过电气仪表（二次仪表）转换成被测介质的温度。各种热电偶的外形常因需要而极不相同，但是它们的基本结构大致相同，通常由热电极、绝缘套保护管和接线盒等主要部分组成，通常和显示仪表、记录仪表及电子调节器配套使用。

常见热电偶外形封装如图 3-8 所示。

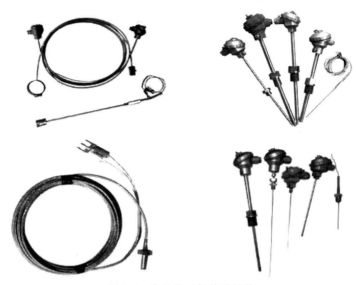

图 3-8　常见热电偶外形封装

3.3.2　热电偶工作原理

（1）热电效应

如图 3-9 所示，由两种导体 A、B 构成一个闭合回路，使两端接点处于不同温度，则回路中便产生热电动势和电流，这种物理现象称为热电效应。

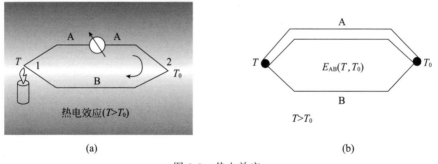

(a)　　　　　　　　　　　　　　　　　(b)

图 3-9　热电效应

图中，导体 A、B 为热电极；测温接点处在 T 温度场下为测量端，或工作端、热端。接点处在 T_0 温度场下为参考端，或自由端、冷端。

（2）热电偶中的电动势

① 接触电动势（伯尔帖电势）　互相接触的两种金属导体内部因自由电子密度不同，当接触时两种导体在接触界面上会发生电子扩散。自由电子由密度大的向密度小的方向扩散。失去电子一方带正电，得到电子一方带负电，如图 3-10 所示。

这种扩散运动逐渐在界面上建立电动势，这种电动势称为接触电动势。

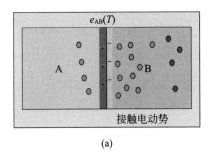 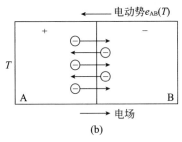

图 3-10　接触电动势示意图

接触电动势的关系式如下：

$$E_{AB} = e_{AB}(T) - e_{AB}(T_0) \qquad (3-3)$$

② 温差效应（汤姆逊电势）　在一根匀质的金属导体，若两端的温度不同，则在导体的内部也会产生电动势，称为温差效应。温差电动势的形成是由于温度高的一端自由电子的动能大于温度低的一端自由电子的动能。高温端自由电子必然向低温端方向迁移。同样地，高温端失去自由电子带正电，低温端得到电子带负电，内部形成电动势，这种电动势称为温差电动势，如图 3-11 所示。

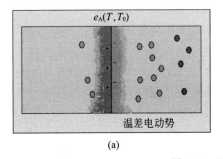 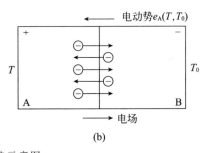

图 3-11　温差电动势示意图

温差电动势的表达式如下：

$$E_{AB} = e_A(T, T_0) - e_B(T, T_0) \qquad (3-4)$$

③ 回路总电动势　热电偶由两种不同的导体组成，两端处于不同的温度中，既有接触电动势，又有温差电动势，如图 3-12 所示。其总电动势由这两种电动势组成，即

$$E_{AB} = e_{AB}(T) - e_{AB}(T_0) + e_A(T, T_0) - e_B(T, T_0) \qquad (3-5)$$

实验和理论均已证明：由于温差电动势比接触电动势小很多，热电偶回路的热电动势主要是由接触电动势引起的。所以回路总电动势为

$$E_{AB} = e_{AB}(T) - e_{AB}(T_0) \qquad (3-6)$$

如上式所示，热电偶回路总电动势与两接点温度及两种导体的电子密度有关。当热电偶导体材质确定之后，把冷端温度固定，那么热电偶回路总电动势仅同热端

温度构成单值函数，因此就可以用测量到的热电动势 E 来得到对应的温度值 T。热电偶热电动势的大小，只与导体 A 和 B 的材料以及冷热端的温度有关，与导体的粗细长短及两导体接触面积无关。

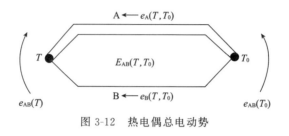

图 3-12　热电偶总电动势

3.3.3　热电偶的基本定律

（1）均匀回路定律

由一种均质导体组成的闭合回路，不论导体的横截面积、长度以及温度分布如何均不产生热电动势。热电偶必须由两种不同材料的导体组成，热电偶的热电动势仅与两接点的温度有关，而与沿热电极的温度分布无关。

如果热电偶的热电极是非匀质导体，在不均匀温度场中测温时将造成测量误差。所以热电极材料的均匀性是衡量热电偶质量的重要技术指标之一。

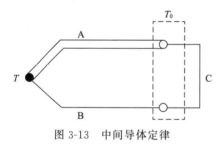

图 3-13　中间导体定律

（2）中间导体定律

在热电偶回路中接入第三种材料的导体，只要其两端的温度相等，该导体的接入就不会影响热电偶回路的总热电动势，如图 3-13 所示。

利用热电偶实际测温时，连接导线、显示仪表和接插件等均可看成是中间导体，只要保证中间导体两端的温度相同，则对热电偶的热电动势没有影响。

（3）中间温度定律

如图 3-14 所示，当热电偶两个接点的温度分别为 T 和 T_0 时，所产生的热电动势等于该热电偶两接点温度为 T、T_n 和 T_n、T_0 时所产生的热电动势之代数和，即

$$E_{AB}(T,T_n)+E_{AB}(T_n,T_0)=E_{AB}(T,T_0) \tag{3-7}$$

（4）标准电极定律

如图 3-15 所示，已知两个导体 A、B 分别与另一导体 C 组成的热电偶的热电动势，则在相同接点温度（T，T_0）下，由 A、B 电极组成的热电偶的热电动势 $E_{AB}(T，T_0)$ 为

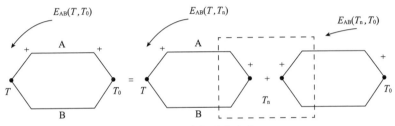

图 3-14 中间温度定律

$$E_{AC}(t,t_0)+E_{CB}(t_n,t_0)=E_{AB}(t,t_0)$$

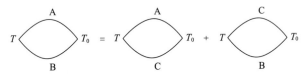

图 3-15 标准电极定律

3.3.4 热电偶的冷端处理和补偿

热电偶的热电动势大小不仅与热端温度有关，而且与冷端温度有关，只有当冷端温度恒定时，通过测量热电动势的大小可得到热端温度。

当热电偶冷端处在温度波动较大的地方时，必须首先使用补偿导线将冷端延长到一个温度稳定的地方，再考虑将冷端处理为 0℃。

（1）补偿导线法

① 补偿导线组成 补偿导线包括合金丝、绝缘层、护套和屏蔽层。

热电偶补偿导线功能：

a. 实现了冷端迁移；

b. 降低了电路成本。

② 补偿导线类型 补偿导线分为延长型和补偿型两种。

a. 延长型：补偿导线合金丝的名义化学成分及热电动势标称值与配用的热电偶相同，用字母"X"附在热电偶分度号后表示。

b. 补偿型：其合金丝的名义化学成分与配用的热电偶不同，但其热电动势值在 100℃以下时与配用的热电偶的热电动势标称值相同，用字母"C"附在热电偶分度号后表示。

③ 使用补偿导线时注意问题

a. 补偿导线只能用在规定的温度范围内（0～100℃）。

b. 热电偶和补偿导线的两个接点处要保持温度相同。

c. 不同型号的热电偶配有不同的补偿导线。

d. 补偿导线的正、负极需分别与热电偶正、负极相连。

（2）热电偶冷端恒温补偿法

热电偶冷端恒温补偿法就是将热电偶的冷端放在冰水混合物中（0℃），这样就可以保证冷端温度恒定为 0℃，如图 3-16 所示。

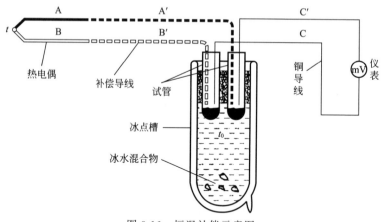

图 3-16　恒温补偿示意图

（3）热电偶冷端电桥补偿法

热电偶冷端电桥补偿法就是在热电偶测量回路中串接一个不平衡直流电桥，利用不平衡电桥产生的电动势自动补偿热电偶冷端温度变化所产生的热电动势变化量，这个直流电桥称为冷端温度补偿器。

热电偶电桥补偿的工作原理如图 3-17 所示。电桥的输出端与热电偶串联，并将热电偶的冷端与电桥置于同一温度场中，桥臂电阻 R_{Cu} 由电阻温度系数较大的铜线或镍线绕成，其余桥臂电阻均由电阻温度系数很小的锰铜线绕成，可认为它们的阻值不随温度变化。

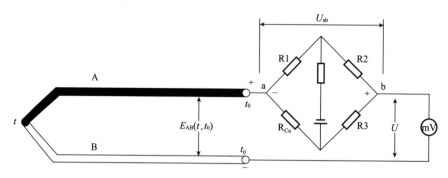

图 3-17　热电偶电桥补偿的工作原理

设计电桥时一般选择 20℃为电桥平衡温度，此时电桥输出电压为零。当温度升高时，由于 R_{Cu} 阻值变化使得电桥失去平衡，电桥的输出电压 U 不为零。同时由于热电偶冷端温度升高，使热电动势减小 ΔE。如果电桥的输出电压等于热电动势的减小量（即 $U=\Delta E$），这样便达到自动补偿目的。

采用冷端温度补偿器比冷端恒温法等更为方便，但使用中应注意以下两点。

a. 不同型号的补偿器只能与相应的热电偶配用，只能补偿到固定温度 20℃。

b. 只能在规定的温度范围内使用，一般为 0～40℃。

3.3.5　标准化热电偶

（1）铂铑 10-铂热电偶（S 型）

铂铑 10-铂热电偶为贵金属热电偶。电极线径规定为 0.5mm，正极（SP）的名义化学成分为铂铑合金，负极（SN）为纯铂，俗称为单铂铑热电偶。长期最高使用温度为 1300℃，短期最高使用温度为 1600℃。

① 优点　准确度高，稳定性好，测温温区宽和使用寿命长，物理化学性能良好，在高温下抗氧化性能好，适用于氧化性和惰性气氛中。

② 缺点　热电率较小，灵敏度低，高温下机械强度下降，对污染敏感，贵金属材料昂贵，因此一次性投资较大。

（2）铂铑 30-铂铑 6（B 型）

铂铑 30-铂铑 6 为贵金属热电偶。热电偶丝线径规定为 0.5mm，正极（BP）和负极（BN）的名义化学成分均为铂铑合金，只是含量不同，俗称为双铂铑热电偶。长期最高使用温度为 1600℃，短期最高使用温度为 1800℃。

① 优点　准确度高，稳定性好，测温温区宽，使用寿命长等，适用于氧化性和惰性气氛中，也可短期用于真空中，但不适用于还原性气氛或含有金属或非金属蒸气中；参比端不需进行冷端补偿，因为在 0～50℃ 范围内热电动势小于 3μV。

② 缺点　热电率较小，灵敏度低，高温下机械强度下降，抗污染能力差，贵金属材料昂贵。

（3）镍铬-镍硅热电偶（K 型）

K 型热电偶是抗氧化性较强的廉价金属热电偶，可测量 0～1300℃ 的介质温度，适宜在氧化性及惰性气体中连续使用，短期使用温度为 1200℃，长期使用温度为 1000℃，其热电动势与温度的关系近似线性，是目前用量最大的热电偶。然而，它不适宜在真空、含硫、含碳气氛及氧化还原交替的气氛下裸丝使用；当氧分压较低时，镍铬极中的铬将择优氧化，使热电动势发生很大变化，但金属气体对其影响较小，因此多采用金属制保护管。

① 优点　线性度好，热电动势较大，灵敏度较高，稳定性和复现性均好，抗氧化性强，价格便宜，能用于氧化性和惰性气氛中。

② 缺点

a. 热电动势的高温稳定性较 N 型热电偶及贵重金属热电偶差，在较高温度下（如超过 1000℃）往往因氧化而损坏。

b. 在 250～500℃ 范围内短期热循环稳定性不好，即在同一温度点升温、降温过程中，其热电动势示值不一样，其差值可达 2～3℃。

c.其负极在 150～200℃ 范围内要发生磁性转变,致使在室温至 230℃ 范围内分度值往往偏离分度表,尤其是在磁场中使用时往往出现与时间无关的热电动势干扰。

d.长期处于高通量中系统辐照环境下,由于负极中的锰(Mn)、钴(Co)等元素发生蜕变,使其稳定性欠佳,致使热电动势发生较大变化。

(4)镍铬-铜镍热电偶(E 型)

镍铬-铜镍热电偶又称为镍铬-康铜热电偶,也是一种廉价金属热电偶。其正极(EP)为镍铬 10 合金,化学成分与 KP 相同;负极(EN)为铜镍合金,名义化学成分为 55% 的铜、45% 的镍以及少量的钴、锰、铁等元素。该热电偶电动势之大、灵敏度之高属所有标准热电偶之最,宜制成热电偶堆来测量微小温度变化。

(5)镍铬硅-镍硅热电偶(N 型)

N 型热电偶的主要特点:在 1300℃ 以下调温抗氧化能力强,长期稳定性及短期热循环复现性好,耐核辐射及耐低温性能好;另外,在 400～1300℃ 范围内,N 型热电偶的热电特性的线性度比 K 型热电偶要好。但在低温范围内(-200～400℃)的非线性误差较大,同时材料较硬难以加工。

(6)铁-康铜热电偶(J 型)

J 型热电偶的正极为纯铁,负极为康铜(铜镍合金),其特点是价格便宜,适用于真空氧化的还原或惰性气氛中,温度范围为 -200～800℃,但常用温度只在 500℃ 以下(因为超过 500℃ 后,铁热电极的氧化速率加快。如采用粗线径的丝材,尚可在高温中使用且有较长的寿命)。该热电偶耐氢气(H_2)及一氧化碳(CO)气体腐蚀,但不能在高温(如 500℃)含硫(S)的气氛中使用。

(7)铜-铜镍热电偶(T 型)

T 型热电偶的正极为纯铜,负极为铜镍合金(也称康铜),其主要特点是:在廉价金属热电偶中,它的准确度最高、热电极的均匀性好;它的使用温度是 -200～350℃(因铜热电极易氧化,并且氧化膜易脱落,故在氧化性气氛中使用时,一般不能超过 300℃),在 -200～300℃ 范围内灵敏度比较高;T 型热电偶还有一个特点是价格便宜,是常用几种定型产品中最便宜的。

(8)铂铑 13-铂热电偶(R 型)

R 型热电偶的正极为含 13% 的铂铑合金,负极为纯铂。同 S 型相比,R 型热电偶的电势率大 15% 左右,其他性能几乎相同。R 型热电偶在中国用得较少。

标准化热电偶热电动势和温度的关系曲线如图 3-18 所示。

3.3.6 各种误差引起的原因及解决方式

(1)热电偶热电特性不稳定的影响

① 玷污与应力的影响及消除方法　热电偶在生产过程中,热电偶丝经过多道缩径拉伸其表面总是会受玷污,同时从热电偶丝的内部结构来看,不可避免地存在应力及晶格的不均匀性。因淬火或冷加工引入的应力,可以通过退火方法来基本

消除，退火不合格所造成的误差可达十分之几摄氏度到几摄氏度。它与待测温度及热电偶电极上的温度梯度大小有关。廉价金属热电偶的热电偶丝通常以"退火"状态交付使用，如果需要对高温用廉价金属热电偶进行退火，那么退火温度应高于其使用温度上限，插入深度也应大于实际使用的深度。贵金属热电偶必须认真清洗（酸洗和四硼酸钠清洗）和退火，以清除热电偶的玷污与应力。

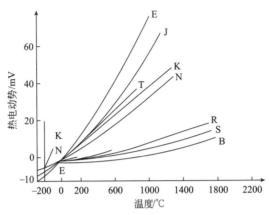

图 3-18　标准化热电偶热电动势和温度的关系曲线

② 不均匀性的影响　一般来说热电偶若是由均质导体制成的，则其热电动势只与两端的温度有关；若热电极材料不是均匀的，且热电极又处于温度梯度场中，则热电偶会产生一个附加热电动势，即"不均匀电动势"。其大小取决于沿热电极长度的温度梯度分布状态、材料的不均匀形式和不均匀程度以及热电极在温度场所处的位置。造成热电极不均匀的主要原因有：在化学成分方面，有杂质分布不均匀、成分的偏析、热电极表面局部的金属挥发、氧化或某金属元素选择氧化、测量端在高温下的热扩散以及热电偶在有害气氛中受到玷污和腐蚀等；在物理状态方面，有应力分布不均匀和电极结构不均匀等。

在工业使用中，有时不均匀电动势引起的附加误差竟达 30℃ 之多，这将严重地影响热电偶的稳定性和互换性，其主要解决方式就是对其进行检验，只使用在误差允许范围内的热电偶。

③ 热电偶不稳定性的影响　不稳定性就是指热电偶的分度值随使用时间和使用条件的不同而起的变化。在大多数情况下，它可能是不准确性的主要原因。影响不稳定性的因素有玷污、热电极在高温下挥发、氧化和还原、脆化、辐射等。若分度值的变化相对是缓慢而又均匀的，这时经常进行监督性校验或根据实际使用情况安排周期检定，这样可以减少不稳定性引入的误差。

（2）参考端温度影响及修正方法

热电偶的热电动势的大小与热电极材料以及工作端的温度有关。热电偶的分度表和根据分度表刻度的温度显示仪表都是以热电偶参考端温度等于 0℃ 为条件的。在实际使用热电偶时，其冷端温度（参考端）不但不为 0℃，而且往往是变化的，测温仪表所测得的温度值就会产生很大误差，在这种情况下通常采用如下方法来修正。

① 热电动势补正法　由中间温度定律可知，参考端温度为 t_n 时的热电动势 $E_{AB}(t, t_n) = E_{AB}(t, t_0) - E_{AB}(t_n, t_0)$。所以，用常温下的温度传感器只要测出参比端的温度 t_n，然后从对应热电偶的分度表中查出对应温度下的热电动势 $E(t_n, t_0)$，再将这个热电动势与所实测的 $E(t, t_n)$ 代数相加，得出的结果就是热电偶参比端温度为 t_0℃时，对应于测量端的温度为 t 时的热电动势 $E(t, t_0)$，最后从分度表中查得对应于 $E(t, t_0)$ 的温度，这个温度就是热电偶测量端的实际温度 t。在计算机应用日益广泛的今天，可以利用软件处理方法，特别是在多点测量系统或高温测控中，采用这种方法可很好地解决参比端温度的变化问题，只要随时准确地测出 t_n，就可以准确得到测量端温度。同时还充分应用了对应热电偶的分度表，并对非线性误差得到了校正，而且适应各种热电偶。

② 调仪表起始点法　由于仪表示值是 $E_{AB}(t_n, t_0)$ 对应于热电动势，如果在测量线路开路的情况下，将仪表的指针零位调定到 t_n 处，就相当于事先给仪表加了一个电动势 $E_{AB}(t_n, t_0)$；当用闭合测量线路进行测温时，由热电偶输入的热电动势 $E_{AB}(t_n, t_0)$ 就与 $E_{AB}(t, t_n)$ 叠加，其和正好等于 $E_{AB}(t, t_0)$。因此，对直读式仪表采用调仪表起始点的方法十分简便。

③ 补偿导线　采用补偿导线把热电偶的参考端延长到温度较恒定的地方，再进行修正。从本质上来说它并不能消除参考端温度不为 0℃ 时的影响，因此还应与其他修正方法结合才能将补偿导线与仪表连接处的温度修正到 0℃。此时参考端已变为一个温度不变或变化很小的新参考端。此时的热电偶产生热电动势已不受原参考端温度变化影响，$E_{AB}(t, t_{10})$ 是新参考端温度 t_{10}（不等于 0℃）、工作端温度为 t 时所测得热电动势，$E_{AB}(t_{10}, t_0)$ 是参考端温度为 t_0（$t_0 = 0$℃）、工作端温度为 t_{10} 时所测得热电动势（热电偶分度表中可查出）。

使用补偿导线时，不仅应注意补偿导线的极性，还应特别注意不要错用补偿导线，同时应注意补偿导线与热电偶连接处的两端温度保持相等，且温度在 0～100℃（或 0～150℃）之间，否则要产生测量误差。

④ 参考端温度补偿器　补偿器是一个不平衡电桥，电桥的 3 个桥臂电阻是由电阻温度系数很小的锰铜丝绕制的。其阻值基本上不随温度变化而变化，并使 $R_1 = R_2 = R_3 = 1\Omega$。另一个桥臂电阻 RT 是由电阻温度系数较大的铜丝绕制而成的，并使其在 20℃ 时 $R_T = R_1 = 1\Omega$，此时电桥平衡，没有电压输出。当电桥所处温度发生变化时，RT 的阻值也随之改变，于是就有不平衡电压输出，此输出电压用来抵消参考端温度变化所产生的热电动势误差，从而获得补偿（注：我国也有以 0℃ 作为平衡点温度的）。当温度达到 40℃（即计算点温度）时桥路的输出电压恰好补偿了热电偶参考端温度偏离平衡点温度而产生的热电动势变化量。

对电子电位差计，其测量桥路本身就具有温度自动补偿的功能，使用时无需再调整仪表的温度起始点。除了平衡点和计算点外，在其他各参考端温度值时只能得到近似的补偿，因此采用冷端补偿器作为参考端温度的处理方法会带来一定的附加误差。

（3）传热及热电偶安装的影响

由于热电偶测温属于接触式测量，当热电偶插入被测介质时，它要从被测介质吸收热量使自身温度升高，同时又以热辐射方式和热传导方式向温度低的地方散发热量。当测量端向外散失的热量等于自气流中吸收的热量时即达到动态平衡，此时热电偶达到了稳定的示值，但并不代表气流的真实温度（因为测量端环境散失的热量是由气流的加热来补偿的，也就是说测量端与气流的热交换处于不平衡状态），因此它们的温度不可能具有相同的数值。测量端与环境的传热越强，测量端的温度偏离气流温度也越大。

① 热辐射误差　热辐射误差是由热电偶测量端与环境的辐射热交换所引起的，这是热电偶与气流之间的对流换热不能达到热平衡的结果。减小辐射误差的方法，一是加强对流换热，二是削弱辐射换热。具体方法有以下几个。

a. 尽量减小器壁与测量端的温差，即在管壁铺设绝热层。

b. 在热电偶工作端加屏蔽罩。

c. 增大流体放热系数，即增加流速，加强扰动，减小热电偶丝直径或使热电极与气流形成跨流等。

② 导热误差　在测量高温气流的温度时，由于沿热电偶长度存在温度梯度，故测量端必然会沿热电极导热，使得指示温度偏离实际温度。导热量相差越多，相应的误差就越大，因此凡能加剧对流和削弱导热的因素都可以用来减小导热误差。具体做法是将热电偶由垂直安装改成斜装或在弯头处安装，安装时应注意使热电偶的热端对着气流方向，并处在流速最大的位置上。

（4）测量系统漏电影响

绝缘不良是产生电流泄漏的主要原因，它对热电偶的准确度有很大的影响，使仪表显示失真，甚至不能正常工作。漏电引起误差是多方面的，例如热电极绝缘瓷管的绝缘电阻较差，使得热电流旁路。若电测设备漏电，也能使工作电流旁路，使测量产生误差。由于测量热电动势的电位差计都是低电阻的，因此它对绝缘电阻的要求并不高，影响热电动势测量的漏电主要是来自被测系统的高温，因为热电偶保护管和热电极绝缘材料的绝缘电阻将随着温度升高而下降，我们通常所说的铠装热电偶的"分流误差"就属于这类情况。一般采用接地或其他屏蔽方法。对铠装热电偶的分流误差，通常是采用增大其直径、增加绝缘层厚度、缩短加热带长度、降低热电偶的电阻值等方法来降低误差的。

（5）动态响应误差

热电偶插入被测介质后，由于热电偶本身具有热惯性，因此不能立即指示出被测气流的温度，只有当测量端吸、放热达到动态平衡后才达到稳定的示值。在热电偶插入后到示值稳定之前的整个不稳定过程中，热电偶的瞬时示值与稳定后的示值存在着偏差，这时热电偶除了有各种稳定的误差外，还存在由热电偶热惯性引入的偏差，即动态响应误差。克服动态响应误差的方法，一是确定动态响应误差，予以修正；二是将动态响应误差减小到允许的范围之内，此时可认为 $T_测＝T_气$。

（6）短程有序结构变化（K 状态）的影响

K 型热电偶在 250～600℃ 范围内使用时，由于其显微结构发生变化，形成短程有序结构，因此将影响热电动势值而产生误差，这就是所谓的 K 状态。这是 Ni-Cr 合金特有的晶格变化，当 Cr 含量在 5%～30% 范围内存在着原子晶格从有序至无序的变化。由此而引起的误差，因 Cr 含量及温度的不同而变化。一般在 800℃ 以上短时间热处理，其热电特性即可恢复。由于 K 状态的存在，使 K 型热电偶检定规程中明文规定检定顺序：由低温向高温逐点升温检定。而且在 400℃ 检定点，不仅传热效果不佳，难以达到热平衡，而且恰好处于 K 状态误差最大范围，因此，对该点判定合格与否时应很慎重。Ni-Cr 合金短程有序结构变化现象，不仅存在于 K 型热电偶，而且在 E 型热电偶正极中也有此现象。但是作为变化量，E 型热电偶仅为 K 型热电偶的 2/3。总之，K 状态与温度、时间有关，当温度分布或热电偶位置变化时，其偏差也会发生很大变化，故难以对偏差大小作出准确评价。

3.3.7　热电偶正确使用

正确使用热电偶不但可以准确得到温度的数值，保证产品合格，而且还可节省热电偶的材料消耗，既节省资金又能保证产品质量。如若安装不正确，热导率和时间滞后等误差是热电偶在使用中的主要误差。

（1）安装不当引入的误差

如热电偶安装的位置及插入深度不能反映炉膛的真实温度等，换句话说，热电偶不应装在太靠近门和加热的地方，插入的深度应为保护管直径的 8～10 倍；热电偶的保护套管与壁间的间隔未填绝热物质致使炉内热溢出或冷空气侵入，因此热电偶保护管和炉壁孔之间的空隙应用耐火泥或石棉绳等绝热物质堵塞，以免冷热空气对流而影响测温的准确性；热电偶冷端不能太靠近炉体而使温度超过 100℃；热电偶的安装应尽可能避开强磁场和强电场，所以不应把热电偶和动力电缆线装在同一根导管内以免引入干扰造成误差；热电偶不能安装在被测介质很少流动的区域内，当用热电偶测量管内气体温度时，必须使热电偶逆着流速方向安装，而且充分与气体接触。

（2）绝缘变差而引入的误差

如热电偶绝缘了，保护管和拉线板污垢或盐渣过多致使热电偶极间及与炉壁间绝缘不良，在高温下更为严重。这不仅会引起热电动势的损耗，而且还会引入干扰，由此引起的误差有时可达上百摄氏度。

（3）热惰性引入的误差

由于热电偶的热惰性使仪表的指示值落后于被测温度的变化，在进行快速测量时这种影响尤为突出，所以应尽可能采用热电极较细、保护管直径较小的热电偶。测温环境许可时，甚至可将保护管去除。由于存在测量滞后，用热电偶检测出的温度波动的振幅较炉温波动的振幅小。测量滞后越大，热电偶波动的振幅就越小，与实际炉温的差别也就越大。当用时间常数大的热电偶测温或控温时，仪表显示的温度虽波动很小，但实际炉温的波动可能很大。为了准确地测量温度，应当选择时间常数小的热电偶。时间常数与传热系数成反比，与热电偶热端的直径、材料的密度及比热容成正比。如要减小时间常数，除增加传热系数以外，最有效的方法是尽量减小热端的尺寸。使用中，通常采用导热性能好的材料，管壁薄、内径小的保护套管。在较精密的温度测量中，使用无保护套管的裸丝热电偶，但热电偶容易损坏，应及时校正及更换。

（4）热阻误差

高温时，如保护管上有一层煤灰并且有尘埃附在上面，则热阻增加，阻碍热的传导，这时温度示值比被测温度的真值低。因此，应保证热电偶保护管外部的清洁，以减小误差。

3.3.8 热电偶安装注意事项

（1）插入深度要求

测量端应有足够的插入深度，应使保护套管的测量端超过管道中心线 5～10mm。

（2）注意保温

为防止传导散热产生测温附加误差，保护套管露在设备外部的长度应尽量短，并加保温层。

任务 3.4 温度传感器应用

3.4.1 项目总电路

项目总电路如图 3-19 所示。

3.4.2 电路各部分作用

（1）单片机控制电路

单片机控制电路是由单片机、外接时钟电路（C8、C9、Y1）、复位电路（C7、RST 按钮、上拉电阻 R2）三部分组成的最小系统。

① 单片机采用 STC12C52。

② 时钟电路由独石电容 C8 和 C9、晶体振荡器 Y1 组成。

③ 复位电路由电解电容器 C7、复位按钮 RST、上拉电阻 R2 组成。

（2）传感器接口部分

传感器接口部分是通过插针接在单片机的 P3.4 和 P3.5 两个引脚上的。

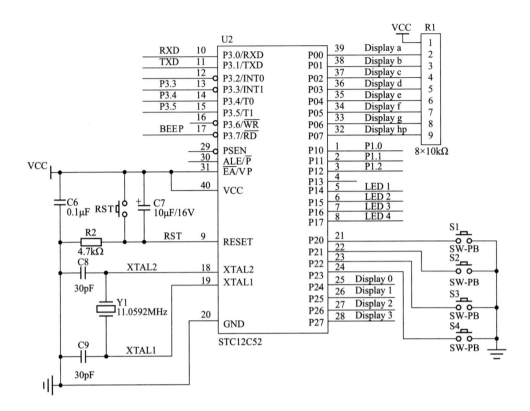

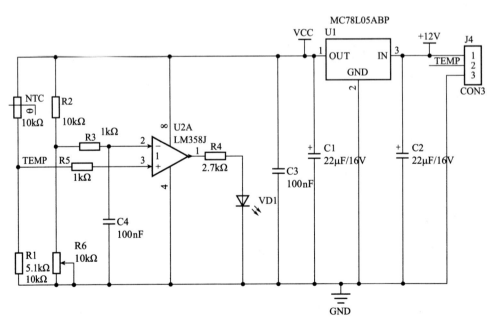

图 3-19　温度传感器应用电路

3.4.3　参考程序

```
#include<intrins.h>
#include<stdio.h>
#include<STC_NEW_8051.H>
#define uchar unsigned char
unsigned int count=0,allcount=0,readadcnum=0;
unsigned int result,result1;
sbit one=P2^4;
sbit two=P2^5;
sbit three=P2^6;
sbit four=P2^7;
uchar j,k,cy;
unsigned char code table[ ]=
{~0x3f,~0x06,~0x5b,~0x4f,~0x66,~0x6d,~0x7d,~0x07,~0x7f,~0x6f};
/*******************************
延时子程序
******************************* /
void delay(uchar i)
{
    for(j=i;j>0;j——)
    for(k=120;k>0;k——);
}
/*******************************
显示子程序
******************************* /
void display(unsigned int n)
{
    P0=table[n/100%10];two=0;delay(10);two=1;
    P0=table[n/10%10]&0X7F;　three=0;delay(10);three=1;
    P0=table[n%10];　　　　four=0;delay(10);four=1;
}
/*******************************
A/D 转换子程序
******************************* /
void initADC()
{
P1ASF=0X01;　　　　//设置 P1.0 口为模拟功能 AD 使用
ADC_CONTR|=0xE8;　//模拟通道选择
ADC_RES=0;　　　　 //清零结果寄存器
```

```
ADC_CONTR＝0xE0;     //ADC 电源,转换速度
delay(1);
}
/ ******************************
读 A/D 转换数据子程序
****************************** /
void readadc()
{     ADC_CONTR&.＝0x7f;
      ADC_CONTR&.＝0xEF;   //中断请求标志位,A/D 转换完成一定要清零
      result＝ADC_RES;
      result≪＝2;
      result|＝   ADC_RESL   ;
      {
      result1+＝result;
      readadcnum++;
      if(readadcnum==100)
      {
      result1＝result1/100;
      result3-＝512;
      allcount＝250+result1 * 1;
      result1＝0;readadcnum＝0;
      }
   }
      ADC_CONTR＝0x88;
}
/ ******************************
主程序
****************************** /
void main()
{
    initADC();
    while(1)
    {
      display(allcount);
      readadc();
    }
}
```

3.4.4   调试过程

接通电源,用示波器或万用表测量 J4 端子中间的脚位,即第二脚。手握温度

传感器，可以观察到电压会有变化。

　　单片机主板切换到"温度/红外测距模式"。通过单片机内部的 AD 可以把对应的电压信号换算为对应的温度值。

　　温度传感模块上有一个 LED 灯，并有一个电位器，通过调节电位器可以设定报警温度（电压）。

任务 3.5　知识拓展

3.5.1　温度传感器概述

3.5.1.1　温度的基本概念

　　从热平衡角度而言，温度是描述热平衡系统冷热程度的物理量；从分子物理学角度而言，温度反映了物体内部分子无规则运动的剧烈程度；从能量角度而言，温度是描述系统不同自由度间能量分配状况的物理量。表示温度大小的尺度是温度的标尺，简称温标，有以下 4 类。

　　（1）热力学温标

　　1848 年威廉·汤姆首先提出以热力学第二定律为基础，建立温度仅与热量有关，而与物质无关的热力学温标。由于是开尔文总结出来的，故又称为开尔文温标，用符号 K 表示。它是国际基本单位制之一。

　　根据热力学中的卡诺定理，如果在温度为 T_1 的热源与温度为 T_2 的冷源之间实现了卡诺循环，则存在下列关系式：

$$\frac{T_1}{T_2}=\frac{Q_1}{Q_2}$$

式中　Q_1——热源给予热机的传热量；

　　　　Q_2——热机传给冷源的传热量。

　　如果在上式中再规定一个条件，就可以通过卡诺循环中的传热量来完全地确定温标。1954 年，国际计量会议选定水的三相点为 273.16，并以它的 1/273.16 定为 1 度，这样热力学温标就完全确定了，即 $T=273.16(Q_1/Q_2)$。

　　（2）国际实用温标

　　为解决国际上温度标准的统一及实用问题，国际上协商决定，建立一种既能体现热力学温度（即能保证一定的准确度），又使用方便、容易实现的温标，即国际实用温标（International Practical Temperature Scale of 1968，简称 IPTS-68），又称国际温标。

　　1968 年国际实用温标规定热力学温度是基本温度，用 T 表示，其单位是开尔文，符号为 K。1K 定义为水三相点热力学温度的 1/273.16，水的三相点是指纯水在固态、液态及气态三相平衡时的温度。热力学温标规定三相点温度为 273.16K，这是建立温标的唯一基准点。

（3）摄氏温标

摄氏温标是工程上最通用的温度标尺。摄氏温标是在标准大气压（即101325Pa）下将水的冰点与沸点中间划分100等份，每一等份称为1℃，一般用小写字母 t 表示。与热力学温标单位开尔文并用。

摄氏温标与国际实用温标之间的关系如下：
$$t=T-273.15(℃) 或 T=t+273.15(K)$$

（4）华氏温标

华氏温标目前已用得较少，它规定在标准大气压下冰的熔点为 32 华氏度（℉），水的沸点为 212 华氏度，中间等分为 180 份，每一等份称为华氏一度，符号用℉表示。它和摄氏温度之间的关系如下：
$$t/℃=\frac{5}{9}(t/℉-32)$$

3.5.1.2 温度传感器的发展概况

最早的温度计是由伽利略研制的气体温度计，之后是酒精温度计和水银温度计。随着现代工业技术发展的需要，相继研制出金属丝电阻、温差电动式元件、双金属式温度传感器。1950 年以后，研制出半导体热敏电阻器。近年来，随着原材料、加工技术的飞速发展，又陆续研制出各种类型的温度传感器。

（1）接触式温度传感器

① 常用热电阻　测温范围为 $-260\sim+850℃$，精度为 0.001℃。改进后可连续工作 2000h，失效率小于 1‰，使用期为 10 年。

② 管缆热电阻　测温范围为 $-20\sim+500℃$，最高上限为 1000℃，精度为 0.5 级。

③ 陶瓷热电阻　测温范围为 $-200\sim+500℃$，精度为 0.3、0.15 级。

④ 超低温热电阻　两种炭电阻，可分别测量 $-268.8\sim253℃$ 和 $-272.9\sim272.99℃$ 的温度。

⑤ 热敏电阻　适于在高灵敏度的微小温度测量场合使用，经济性好，价格便宜。

（2）非接触式温度传感器

① 辐射高温计　辐射高温计用来测量 1000℃ 以上高温。辐射高温计一般分为光学高温计、比色高温计、辐射高温计和光电高温计四种。

② 光谱高温计　前苏联研制的 YCI-I 型自动测温通用光谱高温计的测量范围为 $400\sim6000℃$。它采用电子化自动跟踪系统，保证有足够准确的精度进行自动测量。

③ 超声波温度传感器　超声波温度传感器特点是响应快（约为 10ms），方向性强。目前国外有可测到 5000℉ 的产品。

④ 激光温度传感器　激光温度传感器适用于远程和特殊环境下的温度测量。

如 NBS 公司用氦氖激光源的激光作光反射计可测很高的温度，精度为 1%。美国麻省理工学院研制的一种激光温度计，最高温度可达 8000℃，专门用于核聚变研究。瑞士 Browa Borer 研究中心用激光温度传感器可测几千开（K）的高温。

（3）温度传感器的主要发展方向

① 超高温与超低温传感器，如＋3000℃以上和－250℃以下的温度传感器。

② 提高温度传感器的精度和可靠性。

③ 研制家用电器、汽车及农畜业所需要的价廉温度传感器。

④ 发展新型产品，扩展和完善管缆热电偶与热敏电阻；发展薄膜热电偶；研究节省镍材和贵金属以及厚膜铂的热电阻；研制系列晶体管测温元件、快速高灵敏 CA 型热电偶以及各类非接触式温度传感器。

⑤ 发展适应特殊测温要求的温度传感器。

⑥ 发展数字化、集成化和自动化的温度传感器。

（4）温度传感器种类及特点

温度传感器种类及特点如表 3-3 所示。

表 3-3　温度传感器的种类及特点

测温方法	传感器机理和类型		测温范围/℃	特点
接触式	体积热膨胀	玻璃水银温度计 双金属片温度计 气体温度计 液体压力温度计	－50～350 －50～300 －250～1000 －200～350	不需要电源，耐用；感温部件体积较大
	接触热电动势	钨铼热电偶 铂铑热电偶 其他热电偶	1000～2100 50～1800 －200～1200	自发电型，标准化程度高，品种多，可根据需要选择；需进行冷端温度补偿
	电阻变化	铂热电阻 铜热电阻 热敏电阻	－200～850 －50～150 －50～450	标准化程度高；需要接入桥路才能得到电压输出
	PN 结结电压	半导体集成温度传感器	－50～150	体积小，线性好，－2mV/℃；测温范围小
	温度—颜色	示温涂料 液晶	－50～1300 0～100	面积大，可得到温度图像；易衰老，准确度低
非接触式	光辐射热辐射	红外辐射温度计 光学高温温度计 热释电温度计 光子探测器	－80～1500 500～3000 0～1000 0～3500	响应快；易受环境及被测体表面状态影响，标定困难

3.5.2　热电阻式温度传感器

（1）热电阻效应

热电阻效应是指物质的电阻率随其本身温度变化而变化的现象。热电阻式传感器是根据热电阻效应制成的传感器。热电阻测温是基于金属导体的电阻值随温度增加而增加这一特性来进行温度测量的。

（2）热电阻分类

常见热电阻分为半导体热敏电阻和金属热电阻两种，其结构如图 3-20 所示。

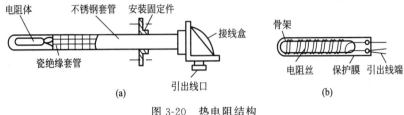

图 3-20　热电阻结构

金属热电阻传感器一般称作热电阻传感器，是利用金属导体的电阻值随温度变化而变化的原理进行测温的。金属热电阻的主要材料是铂和铜。热电阻广泛用来测量 $-220 \sim +850℃$ 范围内的温度，少数情况下，低温可测量至 $-272℃$，高温可测量至 $1000℃$。

金属热电阻在前文已有介绍，此处不再叙述。接下来重点介绍半导体热敏电阻。

3.5.3　半导体热敏电阻

半导体热敏电阻是利用半导体的电阻值随温度显著变化的特性，由金属氧化物和化合物按不同的配方比例烧结而成的。

（1）热敏电阻的外形、结构及符号

热敏电阻的外形、结构及符号如图 3-21 所示。

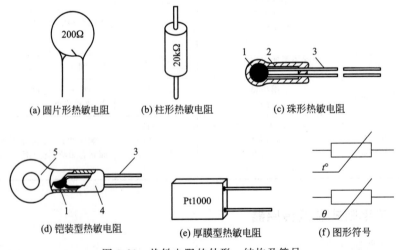

图 3-21　热敏电阻的外形、结构及符号

1—热敏电阻；2—玻璃外壳；3—引出线；4—紫铜外壳；5—传热安装孔

（2）热敏电阻的结构

热敏电阻的结构包括热敏探头、引线、壳体。二端和三端器件为直热式，即热敏电阻直接由连接电路获得功率。四端器件为旁热式。

（3）热敏电阻的特点

① 优点

a. 热敏电阻的温度系数比金属大（4～9 倍）；

b. 电阻率大，体积小，热惯性小，适于测量点温、表面温度及快速变化的温度；

c. 结构简单、力学性能好。

② 缺点 线性度较差，复现性和互换性较差。

（4）热敏电阻的分类

常用的热敏电阻一般分为正温度系数、负温度系数和临界温度系数三种。

① 正温度系数（PTC） PTC 热敏电阻是由钛酸钡掺合稀土元素烧结而成的，主要用于彩电消磁、各种电气设备的过热保护、发热源的定温控制、限流元件。

② 负温度系数（NTC） NTC 热敏电阻具有很高的负电阻温度系数，主要由 Mn、Co、Ni、Fe、Cu 等过渡金属氧化物混合烧结而成。NTC 热敏电阻主要应用于点温、表面温度、温差、温场等测量自动控制及电子线路的热补偿线路。

③ 临界温度系数（CTR） CTR 热敏电阻具有负温度系数，以三氧化二钒与钡、硅等氧化物，在磷、硅氧化物的弱还原气氛中混合烧结而成。CTR 热敏电阻主要用于温度开关。

图 3-22 为三种常见的热敏电阻的电阻-温度特性曲线。曲线 1 是钛酸钡系正温度系数热敏电阻，室温下的电阻温度系数在 $+0.03 \sim +0.08 \mathrm{K}^{-1}$ 之间。曲线 2 是普通负温度系数热敏电阻，它的电阻值随温度上升而呈指数减小，室温下的电阻温度系数为 $-0.02 \sim -0.06 \mathrm{K}^{-1}$。曲线 3 是临界温度系数热敏电阻，它的阻值在某一特定温度附近随温度上升而急剧减小，变化量达到 2～4 个数量级。

（5）热敏电阻的主要特性

① 温度特性 NTC 热敏电阻在较小的温度范围内的电阻-温度特性为

$$R_T = R_0 \mathrm{e}^{B\left(\frac{1}{T}-\frac{1}{T_0}\right)} = R_0 \mathrm{e}^{B\left(\frac{1}{273+t}-\frac{1}{273+t_0}\right)}$$

$$B = 1\mathrm{n}\left(\frac{R_T}{R_0}\right) \Big/ \left(\frac{1}{T}-\frac{1}{T_0}\right)$$

式中 R_T，R_0——热敏电阻在热力学温度 T、T_0 时的阻值，Ω；

　　　T_0，T——介质的起始温度和变化温度，K；

　　　t_0，t——介质的起始温度和变化温度，℃；

　　　B——热敏电阻材料常数（一般为 2000～6000K），其大小取决于热敏电阻的材料。

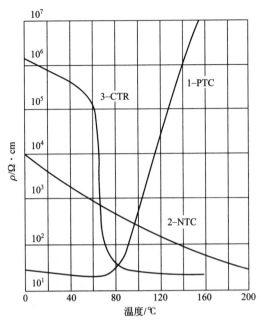

图 3-22　三种热敏电阻的特性曲线

热敏电阻的温度系数定义式为

$$\alpha = \frac{1}{R_T} \times \frac{\mathrm{d}R_T}{\mathrm{d}T} = -\frac{B}{T^2}$$

式中，B 和 α 值是表征热敏电阻材料性能的两个重要参数，热敏电阻的温度系数比金属丝的高很多，所以它的灵敏度很高。

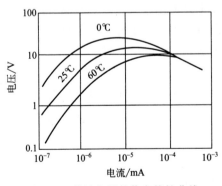

图 3-23　热敏电阻的伏安特性曲线

②伏安特性　在稳态情况下，通过热敏电阻的电流 I 与其两端的电压 U 之间的关系称为热敏电阻的伏安特性。图 3-23 给出了热敏电阻在三种不同温度下的伏安特性曲线。

从图 3-23 可以看出，当流过热敏电阻的电流很小时，不足以使之加热。电阻值只取决于环境温度，伏安特性是直线，遵循欧姆定律。

当电流增大到一定值时，流过热敏电阻的电流使之加热，温度升高，出现负阻特性。因电阻减小，即使电流增大，端电压反而下降。其所能升高的温度与环境条件（周围介质温度及散热条件）有关。当电流和周围介质温度一定时，热敏电阻的阻值取决于介质的流速、流量、密度等散热条件。可用它来测量流体速度和介质密度。

（6）热敏电阻的主要参数

① 标称电阻值 R_H　标称电阻值 R_H 是指在环境温度为（25±0.2）℃时测得的电阻值，又称冷电阻。其大小取决于热敏电阻的材料和几何尺寸。

② 耗散系数 H　耗散系数 H 是指热敏电阻的温度与周围介质的温度相差 1℃时热敏电阻所耗散的功率，单位为 mW/℃。

③ 热容量 C　热容量 C 是指热敏电阻的温度变化 1℃所需吸收或释放的热量，单位为 J/℃。

④ 能量灵敏度 G　能量灵敏度 G 是指使热敏电阻的阻值变化 1% 所需耗散的功率，单位为 W。

⑤ 时间常数 τ　时间常数 τ 是指温度为 T_0 的热敏电阻突然置于温度为 T 的介质中，热敏电阻的温度增量 $\Delta T = 0.63(T-T_0)$ 时所需的时间。

⑥ 额定功率 P_E　额定功率 P_E 是指在标准压力（750mmHg）和规定的最高环境温度下，热敏电阻长期连续使用所允许的耗散功率，单位为 W。在实际使用时，热敏电阻所消耗的功率不得超过额定功率。

3.5.4　其他温度传感器

3.5.4.1　光纤温度传感器

在科研和工农业生产中，温度是检测与控制的重要参数。传统的温度测量技术已经很成熟，如热电偶、热敏电阻、光学高温计、半导体以及其他类型的温度传感器。它们的敏感特性都是以电信号为工作基础的，即温度信号被电信号调制。

而在特殊工况和环境下，如易燃、易爆、高电压、强电磁场、具有腐蚀性气体或液体，以及要求快速响应、非接触等，光纤温度测量技术具有独到的优越性。

由于光纤本身的电绝缘性以及固有的宽频带等优点，使得光纤温度传感器突破了电调制温度传感器的限制。同时，由于其工作时温度信号被光信号调制，传感器多采用石英光纤，传输的幅值信号损耗低，并可以远距离传输，使传感器的光电器件远离现场，避免了恶劣的环境。在辐射测温中，光纤代替了常规测温仪的空间传输光路，使干扰因素如尘雾、水汽等对测量结果影响很小。光纤质量小、截面小，可弯曲传输测量不可视的工作温度，便于特殊工况下的安装使用。

光纤用于温度测量的机理与结构形式多种多样，按光纤所起的作用基本上可分为两大类：一类是传光型光纤温度传感器，这类传感器仅由光纤的几何位置排布实现光转换功能；另一类是传感型光纤温度传感器，它以光的相位、波长、强度（干涉）等为测量信号。

① 传光型光纤温度传感器　使用电子式敏感器件，光纤仅为信号的传输通道。

② 传感型光纤温度传感器　利用其本身具有的物理参数随温度变化的特性检测温度，光纤本身为敏感元件，其温度灵敏度较高；但由于光纤对温度以外的干扰如振动、应力等的敏感性，使其工作的稳定性和精度受到影响。

传光型与传感型相比，虽然其温度灵敏度较低，但是由于具有技术上容易实现、结构简单、抗干扰能力强等特点，在实用化技术方面取得了突破，发展较快。如荧光衰减型、热辐射型光纤温度传感器已达到实用水平。

（1）半导体光吸收型光纤温度传感器

许多半导体材料在它的红限波长（即其禁带宽度对应的波长）的一段光波长范围内有递减的吸收特性，超过这一波段范围几乎不产生吸收，这一波段范围称为半导体材料的（能带隙）吸收端。如 GaAs、CdTe 材料的吸收端在 $0.9\mu m$ 附近，如图 3-24(a) 所示。

用这种半导体材料作为温度敏感头的原理是，它们的禁带宽度随温度升高几乎线性地变窄，相应的红限波长 λ_g 几乎线性地变长，从而使其光吸收端线性地向长波方向平移。显然，当一个辐射光谱与 λ_g 相一致的光源发出的光通过半导体时，其透射光强随温度升高而线性地减小，图 3-24(a) 示出了这一说明。

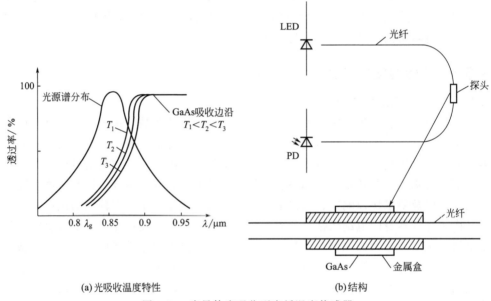

(a) 光吸收温度特性　　　　　　　　　　(b) 结构

图 3-24　半导体光吸收型光纤温度传感器

图 3-24(b) 是半导体光吸收型光纤温度传感器的结构。这种结构由于受光源不稳定的影响很大，实际中很少采用。一个实用化的传感器设计如图 3-25 所示。这种传感器的测量范围是 $-10\sim300℃$，精度可达 $\pm1℃$。

图中有两个光源：一个是铝镓砷发光二极管，波长 $\lambda_1\approx0.88\mu m$；另一个是铟镓磷砷发光二极管，波长 $\lambda_2\approx1.27\mu m$。敏感头对 λ_1 光的吸收随温度而变化，对 λ_2 光不吸收，故取 λ_2 光作为参考信号。用雪崩光电二极管作为光探测器。

光探测器输出信号经采样放大器放大，得到两个正比于脉冲宽度的直流信号，再由除法器以参考光信号（λ_2）为标准将与温度相关的光信号（λ_1）归一化。于是，除法器的输出只与温度 T 有关。采用单片机进行信息处理即可显示温度。

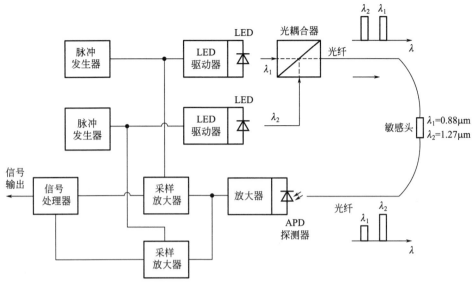

图 3-25　半导体光吸收型光纤温度传感器

（2）热色效应光纤温度传感器

许多无机溶液的颜色随温度而变化，因而溶液的光吸收谱线也随温度而变化，称为热色效应，其中钴盐溶液表现出最强的光吸收作用。图 3-26 为钴盐溶液的热色效应示意图。

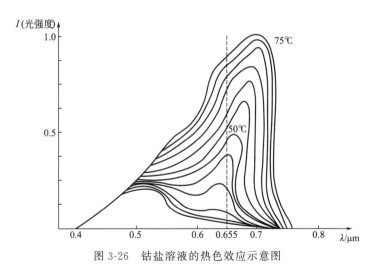

图 3-26　钴盐溶液的热色效应示意图

从图 3-26 可见，在 25～75℃之间的不同温度下，波长在 400～800nm 范围内有强烈的热色效应。在 655nm 波长处，光透射率几乎与温度呈线性关系；而在 800nm 处，几乎与温度无关。同时，这样的热色效应是完全可逆的，因此可将这种溶液作为温度敏感探头，并分别采用波长为 655nm 和 800nm 的光作为敏感信号和参考信号。热色效应光纤温度传感器的组成如图 3-27 所示。

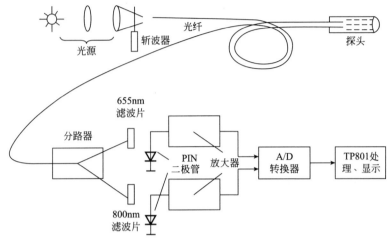

图 3-27　热色效应光纤温度传感器的组成

　　光源采用卤素灯泡，光进入光纤之前进行斩波调制。探头外径为 1.5mm、长为 10mm，内充钴盐溶液，两根光纤插入探头，构成单端反射形式。从探头出来的光纤经 Y 形分路器将光分为两种，分别经 655nm 和 800nm 滤波片得到信号光和参考光，再经光电信息处理电路得到温度信息。由于系统利用信号光和参考光的比值作为温度信息，因而消除了光源波动及其他因素的影响，保证了系统测量的准确性。

　　图 3-28 是一个光纤端面上配置液晶芯片的光纤温度传感器。它是将三种液晶以适当的比例混合，在 10～45℃之间颜色从绿到红，这种传感器利用了光的反射系数随颜色而变化的原理，精度为 0.1℃。图 3-29 是光纤温度传感器工作示意图。

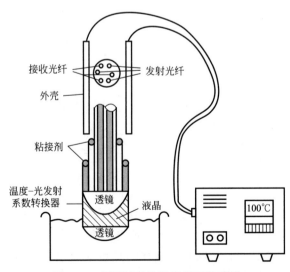

图 3-28　利用液晶的光纤温度传感器

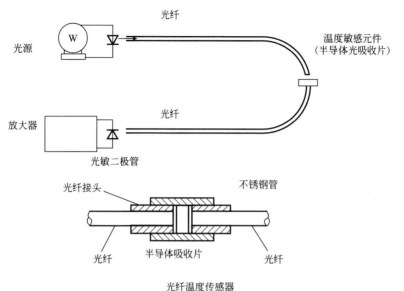

光纤温度传感器

图 3-29 光纤温度传感器工作示意图

干涉式光纤温度传感器工作示意图如图 3-30 所示，来自激光器的光束被波导分成两路，分别经过长度为 L_1 和 L_2 两条光纤后，在输出端重新合成。当温度变化时，两束光由于相位不同而发生干涉，干涉产生的光强按正弦规律周期性变化并与长度差 L_1-L_2 成正比。通过干涉式温度传感器光强的检测，可达到检测温度的目的。

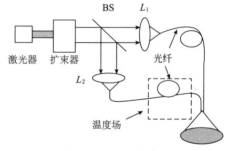

图 3-30 干涉式光纤温度传感器工作示意图

3.5.4.2 红外温度传感器

（1）红外温度传感器的传感原理

红外温度传感器一般包括光学系统、检测系统和转换电路。光学系统按结构不同分为热敏检测元件和光电检测元件，热敏元件应用最多的是热敏电阻，光电检测元件常用的是光敏元件，包括光敏电阻、光电池或热释电元件。

红外探测器一般为（钽酸锂）热释电探测器。步进电机带动调制盘转动对入射的红外辐射进行斩光，将恒定或缓变的红外辐射通过透镜聚焦在红外探测器上，红外探测器将红外辐射变换为电信号输出。红外测温仪框图如图 3-31 所示。

（2）红外温度传感器的选型要点

选型时主要从性能指标和工作条件两方面来加以考虑。

① 性能指标 首先是量程（也就是测温范围），选择红外温度传感器时一定要注意到它的量程，只有选择了合适的量程才能更好地测量。被测温度范围一定要考虑准确、周全，既不要过窄，也不要过宽。其次是传感器的尺寸，不能选择过大也

不能过小，必须选择适合自己的尺寸才能更好地进行测量。量程和尺寸是选择传感器需要注意的，但是选择红外温度传感器时还要确定光学分辨率、波长范围、响应时间、信号处理功能等。

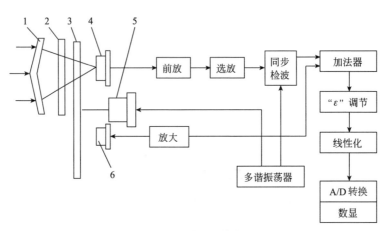

图 3-31　红外测温仪框图

1—透镜；2—滤光片；3—调制盘；4—红外探测器；5—步进电机；6—温度传感器

② 工作条件　红外温度传感器所处的环境条件对测量结果有很大影响，应加以考虑并适当解决，否则会影响测温精度，甚至引起测温仪损坏。在环境温度过高以及存在灰尘、烟雾和蒸汽的条件下，可选用厂商提供的保护套、水冷却系统、空气冷却系统、空气吹扫器等附件。这些附件可有效地解决环境影响并保护测温仪，实现准确测温。

3.5.4.3　集成温度传感器

（1）集成温度传感器的工作原理及特点

集成温度传感器是把温敏元件、偏置电路、放大电路及线性化电路集成在同一芯片上的温度传感器。目前大量生产的集成温度传感器有电流输出型、电压输出型和数字信号输出型。其工作温度范围在 $-50\sim150℃$。

电流型集成温度传感器是把线性集成电路和与之相容的薄膜工艺元件集成在一块芯片上，再通过激光修版微加工技术，制造出性能优良的测温传感器。这种传感器的输出电流正比于热力学温度，即 $1\mu A/K$；另外，因为电流型输出恒流，所以传感器具有高输出阻抗，其值可达 $10M\Omega$。这为远距离传输深井测温提供了一种新型器件。

电压型集成温度传感器是将温度传感器基准电压、缓冲放大器集成在同一芯片上制成一四端器件。因为器件有放大器，所以输出电压高，线性输出为 $10mV/℃$；另外，由于其具有输出阻抗低的特性，抗干扰能力强，故不适合长线传输。这类集成温度传感器特别适合于工业现场测量。

（2）集成温度传感器的结构

集成温度传感器的结构如图 3-32 所示。VT_1、VT_2 为差分对管，由恒流源提

供的 I_1、I_2 分别为 VT$_1$、VT$_2$ 的集电极电流，则有

$$\Delta U_{be}=\frac{kT}{q}\ln\left(\frac{I_1}{I_2}\gamma\right)$$

（3）常用集成温度传感器及其应用

① 电流输出型集成温度传感器 AD590 是电流输出型集成温度传感器的代表产品，直流工作电压为 $+4\sim+30V$，输出阻抗约为 $10M\Omega$，具有良好的互换性。在 $-55\sim+150℃$ 范围内精度为 $\pm1℃$。此外，AD590 抗干扰能力强，不受长距离传输线压降的影响，信号的传输距离可达 100m 以上。AD590 的灵敏度为 $1\mu A/K$，0℃时输出电流为 $273\mu A$。

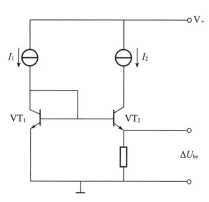

图 3-32　集成温度传感器的结构

AD590 的外形、电路符号及输出特性如图 3-33 所示。

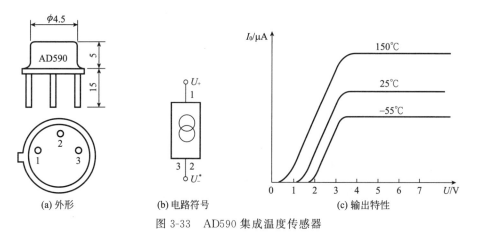

（a）外形　　　　（b）电路符号　　　　（c）输出特性

图 3-33　AD590 集成温度传感器

② 电压输出型集成温度传感器　图 3-34 是电压输出型集成温度传感器电路。其中 VT$_1$、VT$_2$ 为差分对管，调节电阻 R1 阻值可使 $R_1=R_2$。当对管 VT$_1$、VT$_2$ 的 β 值大于等于 1 时，电路输出电压为

$$U_o=I_2R_2=\frac{\Delta U_{be}}{R_1}R_2$$

由此可得

$$\Delta U_{be}=\frac{U_oR_1}{R_2}=\frac{kT}{q}\ln\gamma$$

可知 R_1、R_2 不变，则 U_o 与 T 呈线性关系。

AD 公司生产的模拟电压输出型 LM35/45，主要应用于环境控制系统、过热保护、工业过程控制、火灾报警系统、电源系统监控、仪器散热风扇控制等。还有

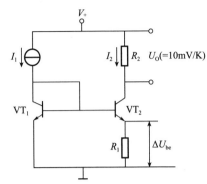

图 3-34　电压输出型集成温度传感器电路

National Semiconductor 生产的与微处理器相结合的测温及温度控制、管理的温度测量控制器 LM80，它主要应用于个人计算机及服务器的硬件及系统的温度监控、办公室设备、电子测试设备等。

LM35 系列是精密集成温度传感器，其输出电压与摄氏温度成线性比例，因而 LM35 更优于用开尔文标准的线性温度传感器，LM35 无需外部校准或微调，可以提供 $\pm 1/4℃$ 的常用室温精度，在 $-55 \sim +150℃$ 温度范围内为 $\pm 3/4℃$，LM35 的额定工作温度范围为 $-55 \sim +150℃$，LM35C 在 $-40 \sim +110℃$ 之间。LM35 系列适合用密封的 TO-46 晶体管封装，而 LM35C 适合用塑料 TO-92 晶体管封装。LM35 的内部原理、外形封装等如图 3-35 所示。

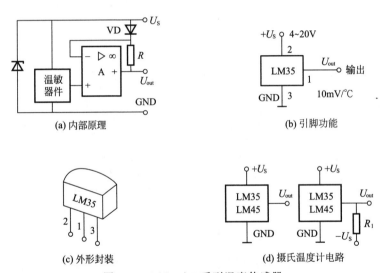

图 3-35　LM35/45 系列温度传感器

3.5.4.4　铁氧体温度传感器

锰-锌-铁和镍-锌-铁的氧化物烧结体具有很大的饱和磁通密度和磁导率，已获得广泛应用。然而这类材料温度超过居里温度 T_C 就不再有铁磁性质。居里温度 T_C 是可以从成分上加以控制的。

利用热敏铁氧体在居里温度之下磁性能突变的特点，不难构成位式作用的温度传感器。

图 3-36 所示舌簧管外套有两个环形磁铁，中间夹有环形热敏铁氧体。舌簧管是密封在玻璃管中的两根弹性金属条（即舌簧）构成的电接点。在居里温度以下

时，环形热敏铁氧体的高磁导率将两个环形磁铁串联起来，如图 3-36(a) 所示。当温度超过 T_C 后，热敏铁氧体失去导磁作用，磁路将分为两个闭环，分别在左右舌簧上通过，舌簧的自由端不再有相互吸引力，在其弹性作用下便将电路断开，如图 3-36(b) 所示。

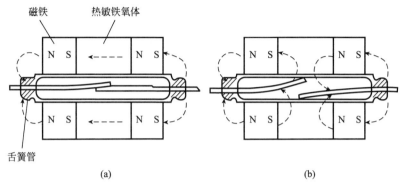

图 3-36　热敏铁氧体温度开关

　　铁氧体温度传感器已在家用电饭锅中普遍应用。在电饭锅的电加热器中央有热敏铁氧体，其居里温度设计成 103℃，当锅内水分熬干，温度升高到 103℃时，热敏铁氧体突然丧失铁磁性，其下的磁铁及杠杆在重力作用下降落，将电接点压开，结束煮饭阶段。至于此后的保温过程，则是靠双金属片温度开关间歇地接通电源而实现的。铁氧体温度传感器在电饭锅中的应用电路如图 3-37 所示。

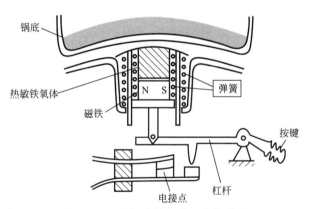

图 3-37　电饭锅中铁氧体温度传感器

3.5.4.5　石英谐振温度传感器

　　天然石英晶体经过特定方向的切割后，具有十分稳定的谐振频率，但是沿另外一个方向切割，可以使谐振频率有较大的温度系数，也就是其谐振频率大小能反映温度高低。现代工艺可以做到频率与温度成正比，利用这一特性可以测温。石英谐振温度传感器结构如图 3-38 所示。这种传感器在－80～250℃之间的基本误差在±(0.04～0.075)℃之间，精确度和稳定性都相当优越。但在使用中必须注意防止

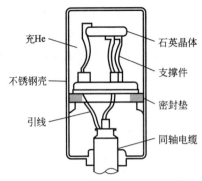

图 3-38　石英谐振温度传感器结构

3.5.4.7　压力式温度计

机械振动和冲击。

3.5.4.6　膨胀式温度计

膨胀式双金属温度计由两种线胀系数不同的金属紧固结合而成双金属片，为提高灵敏度常将其做成螺旋形，如图 3-39 所示。螺旋形双金属片一端固定，另一端连接指针轴，当温度变化时双金属片弯曲变形，通过指针轴带动指针偏转显示温度。它结构简单，抗振性能好，读数方便，常用于测量 $-80 \sim 600℃$ 范围的温度，但精度不高。

压力式温度计主要由温包、毛细管和压力敏感元件（如弹簧管、膜盒、波纹管等）组成，如图 3-40 所示。温包、毛细管和弹簧管三者的内腔构成一个封闭容器，其中充满工作物质（如氮气）。当温包受热后，使内部工作物质温度升高而压力增大，此压力经毛细管传到弹簧管内，使弹簧管产生变形，并由传动系统带动指针指示相应的温度值。

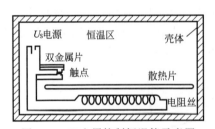

图 3-39　双金属控制恒温箱示意图

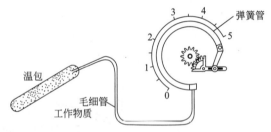

图 3-40　压力式温度计

项目4

霍尔传感器及其应用

霍尔传感器是基于霍尔效应的一种传感器。1879 年美国物理学家霍尔首先在金属材料中发现了霍尔效应，但是由于金属材料的霍尔效应太弱而没有得到应用。随着半导体技术的发展，开始用半导体材料制作霍尔元件，由于其霍尔效应显著而得到应用和发展。

霍尔传感器的应用十分广泛，已在国民经济、国防建设、科学技术、医疗卫生等领域发挥着重要作用，成为现代传感器产业的一个主要分支。在传统产业应用和改造、资源探查及综合利用、环境保护、生物工程、交通智能化管制等各个方面，它们发挥着越来越重要的作用。

任务 4.1　认识霍尔传感器

在磁场力作用下，在金属或通电半导体中会产生霍尔效应，其输出电压与磁场强度成正比。基于霍尔效应的霍尔传感器常用于测量多种物理量。

4.1.1　霍尔传感器概述

（1）霍尔效应

霍尔传感器是根据霍尔效应制作的一种磁场传感器。霍尔效应是磁电效应的一种，这一现象是霍尔于 1879 年在研究金属的导电机构时发现的。后来人们发现半导体、导电流体等也有这种效应，而半导体的霍尔效应比金属强得多。利用这种现象制成的各种霍尔元件，广泛地应用于工业自动化技术、检测技术及信息处理等方面。霍尔效应是研究半导体材料性能的基本方法。通过霍尔效应实验测定的霍尔系数，能够判断半导体材料的导电类型、载流子浓度及载流子迁移率等重要参数。

图 4-1 为霍尔效应示意图。在与磁场垂直的半导体薄片上通以电流 I，假设载流子为电子（N 型半导体材料），它沿与电流 I 相反的方向运动。由于洛仑兹力 f_L

的作用，电子将向一侧偏转，并使该侧形成电子的积累，而另一侧形成正电荷积累，于是元件的横向便形成了电场，该电场阻止电子继续向侧面偏移。当电子所受到的电场力 f_E 与洛仑兹力 f_L 相等时，电子的积累达到动态平衡。这时在两横端面之间建立的电场称为霍尔电场 E_H，相应的电势称为霍尔电势 U_H。

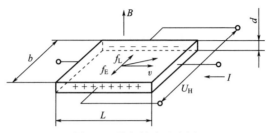

图 4-1　霍尔效应示意图

设电子以相同的速度 v 按图示方向运动，在磁感应强度 B 的磁场作用下，并设其正电荷所受洛仑兹力方向为正，则电子受到的洛仑兹力可用下式表示为

$$f_L = -evB$$

（2）霍尔传感器

霍尔传感器由霍尔片、引线和壳体组成，如图 4-2 所示。霍尔片是一块矩形半导体单晶薄片，引出四条引线。1、1′引线加激励电压或电流，称为激励电极；2、2′引线为霍尔输出引线，称为霍尔电极。霍尔元件壳体由非导磁金属、陶瓷或环氧树脂封装而成。在电路中霍尔元件可用两种符号表示。

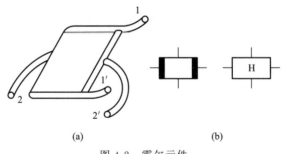

（a）　　　　　　　　　　　　（b）

图 4-2　霍尔元件

用于制造霍尔元件的材料一般采用 N 型锗（Ge）、锑化铟（InSb）、砷化铟（InAs）等半导体材料制成。锑化铟元件的霍尔输出电势较大，但受温度影响也大；锗元件的输出虽小，但它的温度性能和线性性能比较好。因此，采用砷化铟材料制作霍尔元件受到普遍的重视。

4.1.2　霍尔传感器工作原理

（1）霍尔传感器原理简介

当一块通有电流的金属或半导体薄片垂直地放在磁场中时，薄片的两端就会产

生电位差，这种现象就称为霍尔效应。两端具有的电位差值称为霍尔电势 U，其表达式为

$$U = KIB/d$$

式中，K 为霍尔系数；I 为薄片中通过的电流；B 为外加磁场的磁感应强度；d 是薄片的厚度。

由此可见，霍尔效应的灵敏度与外加磁场的磁感应强度呈正比例关系。

霍尔开关就属于这种有源磁电转换器件，它是在霍尔效应原理的基础上利用集成封装和组装工艺制作而成的。它可方便地把磁输入信号转换成实际应用中的电信号，同时具备工业场合实际应用易操作和可靠性的要求。

霍尔开关的输入端是以磁感应强度 B 来表征的，当 B 值达到一定的程度（如 B_1）时，霍尔开关内部的触发器翻转，霍尔开关的输出电平状态也随之翻转。输出端一般采用晶体管输出，和接近开关类似有 NPN、PNP、常开型、常闭型、锁存型（双极性）、双信号输出之分。

霍尔开关具有无触点、低功耗、使用寿命长、响应频率高等特点，内部采用环氧树脂封灌成一体化，所以能在各类恶劣环境下可靠地工作。霍尔开关可应用于接近开关、压力开关、里程表等，作为一种新型的电器配件。

（2）霍尔传感器内部原理

霍尔传感器内部原理如图 4-3 所示。

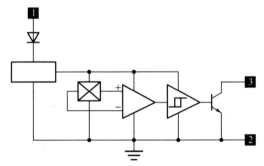

图 4-3　霍尔传感器内部原理图
1—输入引脚；2,3—输出引脚

（3）霍尔传感器磁电转换特性

霍尔传感器磁电转换特性曲线如图 4-4 所示。

4.1.3　霍尔传感器的工作方式

霍尔电流传感器一般由原边电路、聚磁环、霍尔器件、副边线圈和放大电路等组成。霍尔电流传感器有两种工作方式，即直放式和磁平衡式。

（1）直放式电流传感器

直放式电流传感器又称为开环式传感器。众所周知，当电流通过一根长导线

时，在导线周围将产生一磁场，这一磁场的大小与流过导线的电流成正比，它可以通过磁芯聚集感应到霍尔器件上并使其有一信号输出。这一信号经信号放大器放大后直接输出，一般的额定输出标定为 4V。

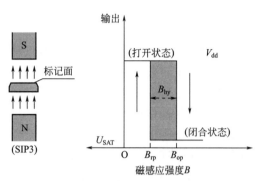

图 4-4　霍尔传感器磁电转换特性曲线

（2）磁平衡式电流传感器

磁平衡式电流传感器也称为闭环补偿式传感器。主回路被测电流 I_p 在聚磁环处所产生的磁场通过一个副边线圈，电流所产生的磁场进行补偿，从而使霍尔器件处于检测零磁通的工作状态。它的具体工作过程为：当主回路有一电流通过时，在导线上产生的磁场被聚磁环聚集并感应到霍尔器件上，所产生的信号输出用于驱动相应的功率管并使其导通，从而获得一个补偿电流 I_s，这一电流再通过多匝线圈产生磁场，该磁场方向与被测电流所产生的磁场方向正好相反，因而补偿了原来的磁场，使霍尔器件的输出逐渐减小。当与 I_p 与匝数相乘所产生的磁场相等时，I_s 不再增加，这时霍尔器件起指示零磁通的作用。被测电流的任何变化都会破坏这一平衡；一旦磁场失去平衡，霍尔器件就有信号输出。经功率放大后，立即就有相应的电流流过副边线圈以对失衡的磁场进行补偿。从磁场失衡到再次平衡所需的时间理论上不到 1μs，这是一个动态平衡的过程。

4.1.4　霍尔传感器的特性

（1）线性型霍尔传感器的特性

输出电压与外加磁场强度呈线性关系，如图 4-5 所示。可见，在 $B_1 \sim B_2$ 的磁感应强度范围内有较好的线性度，磁感应强度超出此范围时则呈现饱和状态。

（2）开关型霍尔传感器的特性

如图 4-6 所示，其中 B_{OP} 为工作点"开"的磁感应强度，B_{RP} 为释放点"关"的磁感应强度。当外加的磁感应强度超过动作点 B_{OP} 时，传感器输出低电平；当磁感应强度降到动作点 B_{OP} 以下时，传感器输出电平不变，一直要降到释放点 B_{RP} 时，传感器才由低电平跃变为高电平。B_{OP} 与 B_{RP} 之间的滞后使开关动作更为可靠。

（3）锁存开关型霍尔传感器

锁存开关型霍尔传感器特性如图 4-7 所示。当磁感应强度超过动作点 B_{OP} 时，传感器输出由高电平跃变为低电平，而在外磁场撤销后其输出状态保持不变（即锁存状态），必须施加反向磁感应强度达到 B_{RP} 时，才能使电平产生变化。

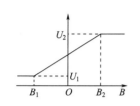

图 4-5　线性型霍尔传感器
特性曲线

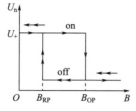

图 4-6　开关型霍尔传感器
特性曲线

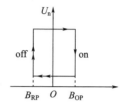

图 4-7　锁存开关型霍尔
传感器特性曲线

4.1.5　霍尔传感器的主要参数

（1）乘积灵敏度 K_H

乘积灵敏度 K_H 是指 I 为单位电流、B 为单位磁感应强度、霍尔电极为开路（$R = \infty$）时的霍尔电势。

（2）额定控制电流 I_{CM}

霍尔器件将因通电流而发热，使在空气中的霍尔器件产生允许温升（ΔT）的控制电流称为额定控制电流 I_{CM}。当 $I > I_{CM}$ 时，器件温升将大于允许的温升，器件特性将变差。

（3）磁灵敏度 K_B

当控制电流为 I_{CM} 时，单位磁感应强度产生的开路霍尔电势称为磁灵敏度 K_B。

（4）输入电阻 R_i 和输出电阻 R_o

R_i 为霍尔器件两个电流电极之间的电阻，R_o 为两个霍尔电极之间的电阻。

（5）不等位电势 U_0 和不等位电阻 r_0

霍尔器件在额定控制电流下无外加磁场时，两个霍尔电极之间的开路电势差称为不等位电势 U_0。不等位电阻定义为 $r_0 = U_0 / I_{CM}$，即为两个霍尔电极之间沿控制电流方向的电阻。r_0 越小越好。

（6）寄生直流电势 U_{0D}

当不加外加磁场时器件通以交流控制电流，这时器件输出端除出现交流不等位电势以外，如果还有直流电势，则将此直流电势称为寄生直流电势 U_{0D}。

（7）磁非线性度 NL

由 $U_H = K_H IB$ 可知，在一定控制电流下，与 B 成线性的关系式具有近似性，再加上结构设计和工艺制备方面的原因，实际上对线性有一定程度的偏离。

磁非线性度定义为

$$NL = \frac{U_H(B) - U'_H(B)}{U_H(B)} \times 100\%$$

$U_H(B)$ 和 $U'_H(B)$ 分别为在一定磁场作用下，霍尔电势的测量值和按公式 $U_H = K_H IB$ 的计算值。NL 越小越好。

（8）霍尔电势温度系数 α

在一定磁感应强度和控制电流下，温度每变化 1℃ 时，霍尔电势的相对变化率称为霍尔电势温度系数，α 越小越好。

（9）内阻温度系数 β

器件内阻 R_i 和 R_o 随温度而有所变化，其变化率（即内阻温度系数）约为数量级 $10^{-3}℃^{-1}$，β 越小越好。

（10）工作温度范围

锑化铟的正常工作温度范围为 $0 \sim +40℃$，锗为 $-40 \sim +75℃$，硅为 $-60 \sim +150℃$，砷化镓为 $-60 \sim +200℃$。

4.1.6 霍尔传感器的应用

（1）线性型霍尔传感器应用

线性型霍尔传感器主要用于电流、位移等物理量的测量。

① 电流测量　由于通电螺旋管内部存在磁场，其大小与导线中的电流成正比，故可以利用霍尔传感器测量出磁场，从而确定导线中电流的大小。利用这一原理可以设计制成霍尔电流传感器。其优点是不与被测电路发生电接触，不影响被测电路，不消耗被测电源的功率，特别适合于大电流传感器。

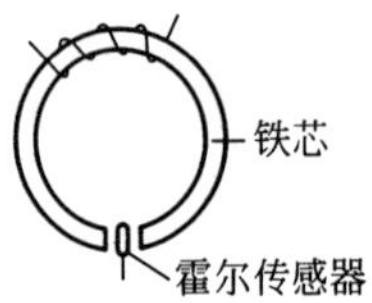

图 4-8　霍尔电流传感器
工作原理

霍尔电流传感器工作原理如图 4-8 所示，标准圆环铁芯有一个缺口，将霍尔传感器插入缺口中，圆环上绕有线圈，当电流通过线圈时产生磁场，则霍尔传感器有信号输出。

② 位移测量　将线性型霍尔传感器置于两块永久磁铁中间（两块永久磁铁同极性相对放置），其磁感应强度为零，这个点可作为位移的零点。当霍尔传感器在 Z 轴上作 ΔZ 位移时，传感器有一个电压输出，电压大小与位移大小成正比。如果把拉力、压力等参数变成位移，便可测出拉力及压力的大小。图 4-9 所示是按这一原理制成的力传感器。

$$\frac{dU_H}{dx} = K_H I \frac{dB}{dx} = K$$

$$U_H = Kx$$

　　由上式可知，霍尔电势与位移量 x 呈线性关系，即 $x=0$ 时 $U_H=0$，这是由于在此位置元件同时受到方向相反、大小相等的磁通作用，并且霍尔电势的极性反映了元件位移的方向。实践证明，磁场变化率越大，灵敏度越高；磁场变化率越小，线性度越好。基于霍尔效应制成的位移传感器一般可用来测量 $1\sim 2\mathrm{mm}$ 的小位移，其特点是惯性小、响应速度快。

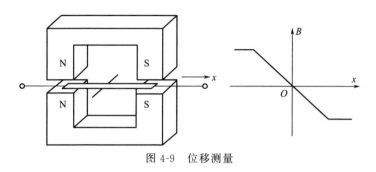

图 4-9　位移测量

（2）开关型霍尔传感器应用

　　开关型霍尔传感器主要用于测量转数、转速、风速、流速，应用于接近开关、关门告知器、报警器、自动控制电路等。

　　① 转速或转数测量　在非磁性材料的圆盘边上粘一块磁钢，霍尔传感器放在靠近圆盘边缘处，圆盘旋转一周，霍尔传感器就输出一个脉冲，从而可测出转数（计数器），若接入频率计，便可测出转速。如果把开关型霍尔传感器按预定位置有规律地布置在轨道上，当装在运动车辆上的永磁体经过它时，可以从测量电路上测得脉冲信号。根据脉冲信号的分布可以测出车辆的运动速度。

　　当磁感应强度 B 与基片的法线方向之间的夹角为 θ 时，有

$$U_H=\frac{k_H}{d}BI\cos\theta$$

　　由上式可知，当角变化时，也将引起霍尔电势 U_H 的改变。利用这一原理可以制成方位传感器、转速传感器。霍尔元件在恒定电流作用下，它感受的磁场强度变化时，输出的霍尔电势 U_H 的值也要发生变化。霍尔式转速传感器就是根据这个原理工作的。

　　图 4-10 所示的两种霍尔式转速传感器，配以适当电路即可构成数字式或模拟式非接触式转速表。这种转速表对被测轴影响小，输出信号的幅值又与转速无关，因此测量精度高。

　　② 压力测量　图 4-11 是霍尔式压力传感器的结构示意图。作为压力敏感元件的弹簧管，其一端固定，另一端安装霍尔元件。当输入压力增加时，弹簧管伸长，使处于恒定磁场中的霍尔元件产生相应位移，霍尔元件的输出即可反映被测压力的大小。

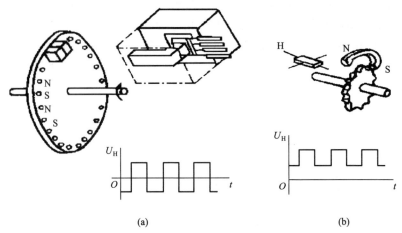

图 4-10 霍尔式转速传感器结构及波形

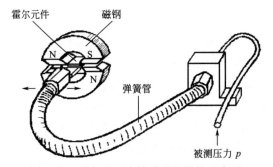

图 4-11 霍尔式压力传感器的结构示意图

4.1.7 本项目用到的霍尔传感器

（1）外形及型号

霍尔传感器外形及型号含义如图 4-12 所示。

（2）参数

霍尔传感器各参数含义参见前文，此外不再叙述。

（3）使用注意事项

① 线圈间的耦合 为了得到较好的动态特性和灵敏度，必须注意原边线圈和副边线圈的耦合。若要耦合得好，最好用单根导线且导线完全填满霍尔传感器模块孔径。

② 退磁处理 使用中当大的直流电流流过传感器原边线圈，且副边电路没有接通电源、稳压器或副边开路时，则其磁路被磁化而产生剩磁，影响测量精度（故使用时要先接通电源和测量端），发生这种情况时先进行退磁处理。退磁方法是副边电路不加电源，而在原边线圈中通以同等级的交流电流并逐渐减小其值。

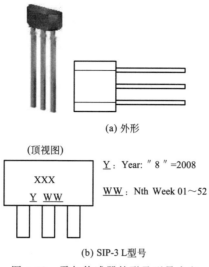

(a) 外形

(顶视图)

XXX
Y WW

Y：Year："8"=2008

WW：Nth Week 01~52

(b) SIP-3 L型号

图 4-12　霍尔传感器外形及型号含义

③ 抗磁场干扰　在大多数场合，霍尔传感器具有很强的抗外磁场干扰能力，一般在距离模块 5~10cm 之间存在一个两倍于工作电流 I_p 的电流所产生的磁场干扰是可以忽略的。但当有更强的磁场干扰时，要采取适当的措施来解决。通常解决方法有以下几个。

a.调整模块方向，使外磁场对模块的影响最小。

b.在模块上加罩一个抗磁场的金属屏蔽罩。

c.选用带双霍尔元件或多霍尔元件的模块电源维修。

④ 测量最佳精度　测量的最佳精度是在额定值下得到的。当被测电流远低于额定值时要获得最佳精度，原边可使用多匝，即 $I_p N_p$＝额定安匝数。另外，原边馈线温度不应超过 80℃。

任务 4.2　霍尔传感器应用

4.2.1　项目总电路

霍尔传感器应用电路如图 4-13 所示。

4.2.2　电路各部分作用

（1）单片机控制电路

单片机控制电路是由单片机、外接时钟电路（C8、C9、Y1）、复位电路（C7、RST 按钮、上拉电阻 R2）三部分组成的最小系统。

a.单片机采用 STC12C52。

b.时钟电路由独石电容 C8 和 C9、晶体振荡器 Y1 组成。

c.复位电路由电解电容器 C7、复位按钮 RST、上拉电阻 R2 组成。

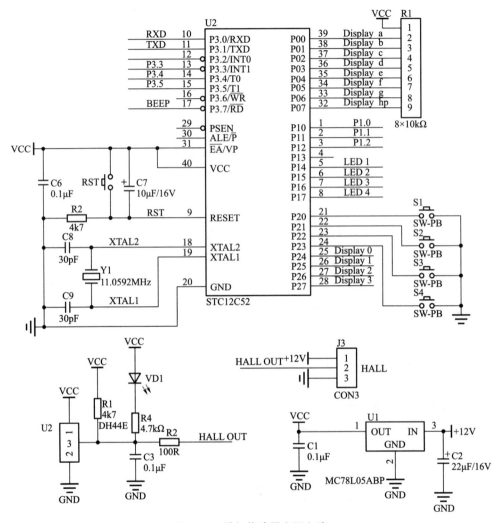

图 4-13　霍尔传感器应用电路

（2）传感器接口部分

传感器接口部分是通过插针 J3 接在单片机的 P3.3 引脚上的。

4.2.3　参考程序

```
# include＜STC_NEW_8051.H＞
# include＜intrins.h＞
# include＜stdio.h＞
# define uchar unsigned char
```

```
unsigned long count＝0,allcount＝0;
unsigned num;
sbit one＝P2^4;
sbit two＝P2^5;
sbit three＝P2^6;
sbit four＝P2^7;
sbit guandian＝P3^4;
uchar j,k,cy;
unsigned char code table[]＝{～0x3f,～0x06,～0x5b,～0x4f,～0x66,～0x6d,
                            ～0x7d,～0x07,～0x7f,～0x6f};
```

```
/ ********************************
延时子程序
******************************** /

void delay(uchar i)
{
    for(j＝i;j＞0;j－－)
    for(k＝120;k＞0;k－－);
}
/ ********************************
显示子程序
******************************** /
void display(unsigned int n)
{
    P0＝table[n/1000];        one＝0;delay(10);one＝1;
    P0＝table[n/100％10];     two＝0;delay(10);two＝1;
    P0＝table[n/10％10];      three＝0;delay(10);three＝1;
    P0＝table[n％10];         four＝0;delay(10);four＝1;
}


/ ********************************
定时 50ms 子程序
******************************** /
void int_time()
{
    TMOD＝0X10;                 //定时器 1 为定时工作方式 1,0001 0000
    TH1＝(65536－50000)/256;    //装入定时初值
    TL1＝(65536－50000)％256;   //50ms
    EA＝1;                      //闭合总中断允许开关
    ET1＝1;                     //闭合定时器 T1 允许开关
    EX1＝1;                     //闭合外部中断 1 允许开关
```

```
    IE1＝1;                          //设置外部中断触发方式
    IT1＝1;                          //外部中断 1 触发方式选择位
    TR1＝1;                          //启动定时器 T1


}
/ ******************************
定时器 T1 中断服务子程序
****************************** /
void T1_time()interrupt3
{
    TH1＝(65536－50000)/256;       //重新转入定时初值
    TL1＝(65536－50000)％256;
    num＋＋;                        //计数变量加 1
    if(num＝＝21)                   //如果 num＝21
    {num＝0;                        //将 num 清零
    allcount＝count＊10;            //allcount＝count＊10
    count＝0;                       //将 count 清零
    }
}
/ ******************************
外部中断 1 中断服务子程序
****************************** /
void counter()interrupt 2
{
count＋＋;                          //count 变量加 1
}
/ ******************************
主程序
****************************** /
void main()
{       allcount＝0;                //给 allcount 变量赋初值 0
        int_time();                //调用子程序
        while(1)                   //无限循环
        {display(allcount);        //调用显示子程序
        }


}
```

4.2.4　调试过程

按要求接通电路，开启霍尔测速模式，用手拨动风叶持续一段时间，数码管会显示当前的平均速度。

用示波器测量霍尔元件的输出脚，即 J3 接线端子的②脚，可以观察到风叶转动时会有高低电平的变化。通过单片机内部计数器可以计算出单位时间内计数的次数。

任务 4.3　知识拓展

磁电式传感器利用电磁感应原理，将运动速度、位移等物理量转换成线圈中的感应电动势输出。工作时不需要外加电源，可直接将被测物体的机械能转换为电量输出，是典型的有源传感器。磁电式传感器的特点是输出功率大，稳定可靠，可简化二次仪表，但频率响应低（通常在 10～100Hz），适合作机械振动测量、转速测量。

4.3.1　磁电式传感器

4.3.1.1　磁电式传感器工作原理

法拉第电磁感应定律的本质是当磁铁与线圈之间作相对运动时，磁路中的磁阻就会发生变化，就会在线圈两端感应出电动势。电动势的大小为

$$e = -N\mathrm{d}\Phi/\mathrm{d}t = -NBlv$$

式中　Φ——磁通量；

B——磁感应强度；

l——导体长度；

v——相对运动速度。

4.3.1.2　磁电式传感器分类

磁电式传感器中的永久磁铁（俗称磁钢）与线圈均固定，动铁芯（衔铁）的运动使气隙和磁路磁阻变化，引起磁通变化而在线圈中产生感应电动势，因此又称变磁阻式结构。根据这一原理，可以设计成恒磁通式和变磁通式两种结构形式，构成测量线速度或角速度的磁电式传感器。

（1）恒磁通式磁电传感器

恒磁通式磁电传感器结构原理图如图 4-14 所示。在恒磁通式磁电传感器的结构中，工作气隙中的磁通恒定，永久磁铁和线圈之间作相对运动，即线圈切割磁力线而产生感应电动势。这类传感器有动圈式和动铁式两种结构，动圈式就是永久磁铁不动，线圈运动；动铁式就是线圈不动，永久磁铁运动。其中图（a）是动圈式，图（b）是动铁式。

恒磁通式磁电传感器的磁路系统由圆柱形永久磁铁和极掌、圆筒形磁轭及空气隙组成。气隙中的磁场均匀分布，测量线圈绕在筒形骨架上，经膜片弹簧悬挂于气隙磁场中。当线圈与磁铁之间有相对运动时，线圈中产生感应电动势 e，e 的表达

式为

$$e = Blv$$

式中　B——气隙磁通密度，T；

　　　l——气隙磁场中有效匝数为 N 的线圈总长度，m；

　　　v——线圈与磁铁沿轴线方向的相对运动速度，m/s。

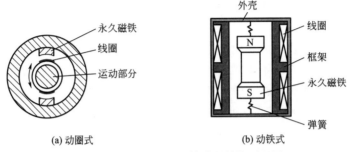

图 4-14　恒磁通式磁电传感器结构原理图

当传感器的结构确定后，式中 B、l、N 都为常数，感应电动势 e 仅与相对速度 v 有关。

（2）变磁通式磁电传感器

变磁通式结构又分为开磁路和闭磁路两种。变磁通式角速度测量传感器如图 4-15 所示。

1）开磁路变磁通式磁电传感器

① 电路组成　开磁路变磁通式磁电传感器主要由永久磁铁、软铁、感应线圈及齿轮等组成，如图 4-16 所示。

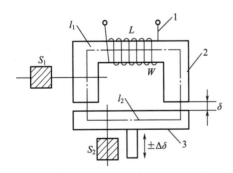

图 4-15　变磁通式角速度测量传感器

1—线圈；2—铁芯（定铁芯）；3—衔铁（动铁芯）

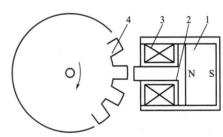

图 4-16　开磁路变磁通式磁电传感器

1—永久磁铁；2—软铁；3—感应线圈；4—齿轮

② 工作过程　磁铁静止不动，测量齿轮安装在被测旋转物体上随之一起转动。每转动一个齿，齿的凹凸引起磁路磁阻变化一次，磁通也变化一次，线圈中产生感应电动势，其变化频率等于被测转速与测量齿轮齿数的乘积。

③ 特点

a. 结构比较简单，但输出信号较小。

b. 当被测轴振动较大时，传感器输出波形失真较大。

c. 高速轴上加装齿轮危险而不宜测量高转速。

2）闭磁路变磁通式磁电传感器

① 电路结构 闭磁路变磁通式磁电传感器结构如图 4-17 所示，主要由永久磁铁、感应线圈、软磁铁、测量齿轮、内齿轮、外齿轮、转轴等组成（内外齿轮齿数相同）。

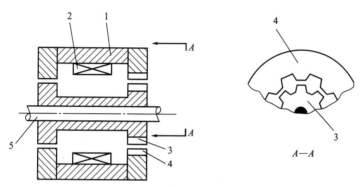

图 4-17 闭磁路变磁通式磁电传感器结构

1—永久磁铁；2—感应线圈；3—内齿轮；4—外齿轮；5—转轴

② 工作过程 当转轴连接到被测转轴上时，外齿轮不动，内齿轮随被测转轴而转动，内外齿轮的相对转动使得气隙磁阻产生周期性变化，从而引起磁路中磁通的变化，使线圈内产生周期性变化的感生电动势。

③ 特点

a. 感应电动势的频率与被测转速成正比。

b. 采用测频率方法可以得到被测物体的转动速度。

4.3.1.3 磁电式传感器应用

（1）磁电式相对速度计

磁电式相对速度计结构如图 4-18 所示。测量时，壳体固定在一个试件上，顶杆顶住另一个试件，则线圈在磁场中运动速度就是两个试件的相对速度。速度计的输出电压与两试件的相对速度成正比。磁电式相对速度计可测量的最低频率接近于零。

（2）磁电式振动传感器

磁电式振动传感器结构如图 4-19 所示。它主要由弹簧片、永久磁铁、线圈、阻尼器、芯杆、外壳等组成。

磁电式振动传感器在使用时，把它与被测物体紧固在一起。当物体振动时，阻尼环和芯杆的整体由于惯性而不随之振动，因此它们与壳体产生相对运动，位于磁路气隙间的线圈就切割磁力线，于是线圈中就会产生出正比于振动速度的感应电动势。该电动势与速度成一一对应关系，可直接测量速度，经过积分或微分电路便可测量出位移或加速度。

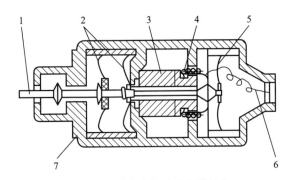

图 4-18 磁电式相对速度计结构

1—顶杆；2,5—弹簧片；3—磁铁；4—线圈；6—引出线；7—外壳

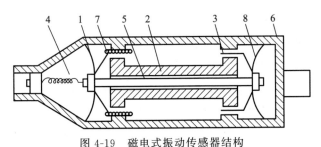

图 4-19 磁电式振动传感器结构

1,8—弹簧片；2—永久磁铁；3—阻尼器；4—引线；5—芯杆；6—外壳；7—线圈

（3）磁电式扭矩传感器

磁电式扭矩传感器结构如图 4-20 所示。在驱动源和负载之间的扭矩转轴的两侧安装有齿形圆盘（它们旁边装有相应的两个磁电传感器）。当齿形圆盘旋转时，圆盘齿凹凸引起磁路气隙的变化，于是磁通量也发生变化，在线圈中感应出交流电

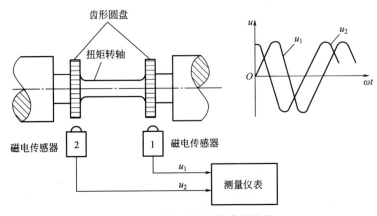

图 4-20 磁电式扭矩传感器结构

压，其频率等于圆盘上齿数与转数的乘积。

当扭矩作用在转轴上时，两个磁电传感器输出的感应电压 u_1、u_2 存在相位差，此相位差与扭转的扭转角成正比，这样传感器就可以把扭矩引起的扭转角转换成相位差的电信号输出。

4.3.2 霍尔集成传感器

由于霍尔效应建立了 U_H、I 和 B 的关系，霍尔元件本身就是一个传感器，霍尔传感器是一种磁电式传感器。霍尔元件所产生的电压 U_H 通常很小，都应加以放大。利用集成电路技术，可以将霍尔元件及放大器、温度补偿电路、稳压电源等集成于一个芯片上，构成霍尔集成传感器（亦称霍尔集成电路）。按输出信号的形式，可分为开关型和线性型两种。

（1）开关型霍尔集成传感器

开关型霍尔集成传感器是以硅为材料，利用硅平面工艺技术制造的。它由稳压电路、霍尔元件、放大器、整形电路、输出电路组成，如图 4-21 所示。稳压电路可使传感器在较宽的电源电压范围内工作，开路输出可使传感器方便地与各种逻辑电路接口。

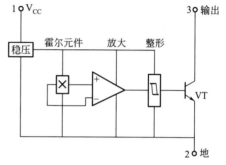

图 4-21 开关型霍尔集成传感器结构

（2）线性型霍尔集成传感器

线性型霍尔集成传感器的输出电压与外加磁场强度呈线性比例关系。线性型霍尔集成传感器有单端输出和双端输出两种，如图 4-22 所示。单端输出的传感器是一个三端器件，它的输出电压对外加磁场的微小变化能作出线性响应。双端输出的传感器是一个双列直插 8 脚塑封器件，它可提供差动射极跟随输出，还可提供输出失调调零。

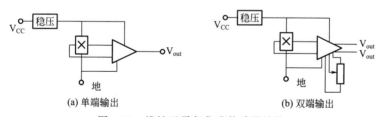

(a) 单端输出   (b) 双端输出

图 4-22 线性型霍尔集成传感器结构

4.3.3 磁敏二极管及磁敏三极管

（1）磁敏二极管的结构原理

图 4-23(a) 所示是磁敏二极管结构。这种二极管的结构是 P^+-i-N^+ 型。在本

征导电高纯度锗的两端用合金法制成 P 区和 N 区，并在本征区——i 区的一个侧面上设置高复合区——r 区，而 r 区相对的另一侧面保持为光滑无复合表面，这样就构成了磁敏二极管的管芯。

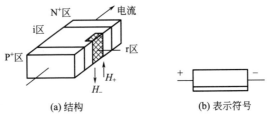

(a) 结构　　　　　　　　(b) 表示符号

图 4-23　磁敏二极管结构及表示符号

当磁敏二极管外加正偏压时，即 P 区接电源正极，N 区接电源负极，那么将会有大量的空穴从 P 区注入 i 区，同时也有大量的电子从 N 区注入到 i 区，如图 4-24(a) 所示。如果将这样的磁敏二极管置于磁场中，注入的电子和空穴都要受到洛仑兹力的作用而向一个方向偏转。

当受到外界磁场 H_+ 作用时，电子和空穴受洛仑兹力作用向 r 区偏移。由于在 r 区电子和空穴复合速度很快，因此进入 r 区的电子和空穴很快就被复合掉。因而 i 区的载流子密度减小，电流减小，即电阻增加。而 i 区电阻增加，外加正偏压分配在 i 区电压增加，那么加在 Pi 结、Ni 结上的电压则相应减小，结电压减小又进而使载流子注入量减少，以致 i 区电阻进一步增加，一直到某一稳定状态为止，如图 4-24(b) 所示。

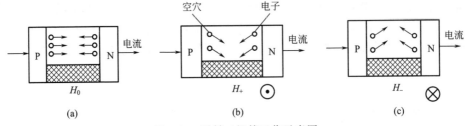

图 4-24　磁敏二极管工作示意图

当受到反向磁场 H_- 作用时 [图 4-24(c)]，电子和空穴向 r 区对面的光滑无复合表面移动，电子和空穴的复合率减小，同时载流子继续注入 i 区，所以 i 区载流子密度增加，电流增大，即电阻减小。结果正向偏压分配在 i 区的压降减小，而加在 Pi 结和 Ni 结上的电压相应增加，进而促使更多的载流子向 i 区注入，而一直使得 i 区电阻减小，即磁敏二极管电阻减小，直到进入某一稳定状态为止。

由上述可知，随着磁场大小和方向的变化，产生正负输出电压的变化。特别是在较弱的磁场作用下，可获得较大输出电压的变化。r 区和对面的光滑无复合表面复合能力之差越大，那么磁敏二极管的灵敏度就越高。

磁敏二极管反向偏置时，仅流过很微小的电流，几乎与磁场无关。磁敏二极管两端电压不会因受到磁场作用而有任何改变。

（2）磁敏三极管的结构原理

NPN 型磁敏三极管是在弱 P 型近本征半导体上用合金法或扩散法形成三个结，即发射结、基极结、集电结。在长基区（分为输运基区和复合基区）的侧面制成一个复合速率很高的高复合区 r。NPN 型磁敏三极管结构示意图如图 4-25 所示。

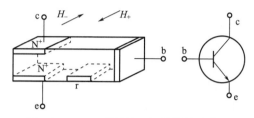

图 4-25　NPN 型磁敏三极管结构示意图

如图 4-26(a) 所示，当不受磁场作用时，由于磁敏三极管基区宽度大于载流子有效扩散长度，因而注入载流子除少部分输入到集电极 c 外，大部分通过 e-i-b 形成基极电流。显而易见，基极电流大于集电极电流，所以无电流放大系数。如图 4-26(b) 所示，当受到 H_+ 磁场作用时，由于载流子在洛仑兹力作用下向发射结一侧偏转，从而使集电极电流明显下降。如图 4-26(c) 所示，当受到 H_- 磁场作用时，载流子在洛仑兹力作用下向集电结一侧偏转，从而使集电极电流增大。

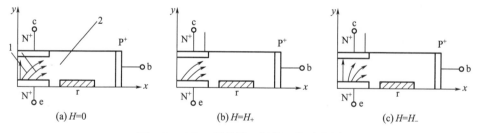

图 4-26　NPN 型磁敏三极管工作示意图
1—输运基区；2—复合基区

（3）磁敏二极管和磁敏三极管的应用

① 测量较弱磁场　由于在较弱的磁场（$-1 \sim +1\text{kGs}$[❶]）下磁敏管输出与磁场强度基本成正比，因而可以做成磁场探测仪，如高斯仪、漏磁测量仪、地磁测量仪等。用磁敏管做成的磁场探测仪，可测 10^{-3}Gs 左右的弱磁场。

② 测量电流　利用磁敏管可以采用非接触式测量方法测量导线中的电流。

---

❶　$1\text{Gs}=10^{-4}\text{T}$，下同。

由于通电导线周围有磁场，而磁场的强弱又取决于通电导线中电流的大小，因此用磁敏管检测磁场即可确定电流大小。已有用磁敏管制成的既安全又省电的电流表。

③ 测量转速　当旋转轴设置有径向磁场时（可将旋转轴径向充磁或径向装上磁铁），那么当旋转轴旋转时，在旋转轴附近有一个交变磁场。装有磁敏管的探头靠近旋转轴附近时便能将交变磁场转换成交变电压，经放大、整形后输入到频率计或其他的记录仪，即能测量旋转轴的转速。磁敏二极管转速传感器如图 4-27 所示，该转速传感器可测转速高达每分数万转。

利用磁敏管可制成无电刷直流电机（其转子是由永久磁铁制成的），如图 4-28 所示。当接通电源后，转子一转动，磁敏二极管就输出一个信号电压去控制开关电路，开关电路导通，定子线圈加入直流电流。在定子上产生一个磁场，在磁力作用下进一步促使其旋转，这样电机就工作起来。无电刷直流电机具有寿命长、可靠性高、效率高、抗干扰强和转速高等特点。

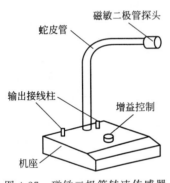

图 4-27　磁敏二极管转速传感器

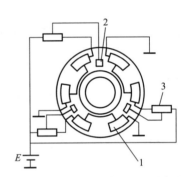

图 4-28　利用磁敏管可制成无电刷直流电机
1—定子线圈；2—磁敏二极管；3—开关电路

④ 磁敏二极管漏磁探伤　利用磁敏二极管可以检测弱磁场的变化这一特性，可制成漏磁探伤仪，其工作原理如图 4-29 所示。被测件为一根钢棒，钢棒的被磁化部分与铁芯构成闭合磁路，由励磁线圈感应的磁通 f 通过钢棒局部表面。若钢棒没有缺陷存在，则探头附近没有漏磁通，探头没有信号输出；如果钢棒有局部缺陷，那么缺陷处的漏磁通将作用于探头上，探头产生输出信号。探伤的过程中钢棒作回转运动，探头和带铁芯的励磁线圈沿钢棒轴向运动，这样就可以快速地检测钢棒的全部表面。图 4-30 是漏磁探伤仪探头结构，图 4-31 是漏磁探伤仪工作原理框图。

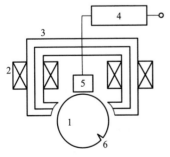

图 4-29　漏磁探伤仪工作原理
1—被测件（钢棒）；2—励磁线圈；
3—铁芯；4—输出电路；5—磁敏二极管

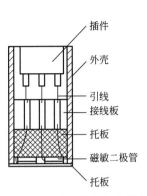

图 4-30　漏磁探伤仪探头结构

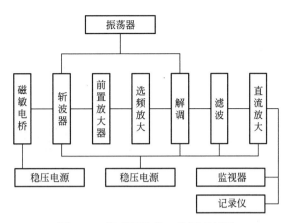

图 4-31　漏磁探伤仪工作原理框图

项目5

压力/称重传感器及其应用

进入信息时代，在利用信息的过程中，首先要解决的就是如何获取准确可靠的信息，而传感器是获取自然和生产领域中信息的主要途径与手段。在现代工业生产尤其是自动化生产过程中，要用各种压力/称重传感器来监视和控制生产过程中的各个参数，使设备工作在正常状态或最佳状态，并使产品达到最好的质量。因此可以说，没有众多的优良传感器，现代化生产也就失去了基础。

压力/称重传感器早已渗透到诸如工业生产、宇宙开发、海洋探测、环境保护、资源调查、医学诊断、生物工程甚至文物保护等极其广泛的领域。可以毫不夸张地说，从茫茫的太空到浩瀚的海洋，以至于各种复杂的工程系统，几乎每一个现代化项目都离不开各种各样的传感器。

任务 5.1　认识压力传感器

5.1.1　压力传感器概述

压力传感器是工业实践中最为常用的一种传感器，人们通常使用的压力传感器主要是利用压电效应制造而成的，这样的传感器也称为压电传感器。

某些晶体介质沿着一定方向受到机械力作用发生变形时，就产生了极化效应；当机械力撤掉之后，又会重新回到不带电的状态。也就是说，受到压力作用时，某些晶体可能产生出电的效应，这就是所谓的极化效应。利用极化效应研制出了压力传感器。

压电传感器主要应用在加速度、压力和力等的测量中。压电式加速度传感器是一种常用的加速度计，它具有结构简单、体积小、重量轻、使用寿命长等优点。压电式加速度传感器在飞机、汽车、船舶、桥梁和建筑的振动和冲击测量中已经得到了广泛的应用，特别是航空和宇航领域中更有它的特殊地位。压电式传感器也可以用于发动机内部燃烧压力的测量与真空度的测量，以及用于军事工业。压电传感器既可以用来测量大的压力，也可以用来测量微小的压力。

压电传感器也广泛应用在生物医学测量中，如心室导管式微音器就是由压电传感器制成的。

除了压电传感器之外，还有利用压阻效应制造出来的压阻传感器、利用应变效应制造出来的应变式传感器等。这些不同的压力传感器利用不同的效应和不同的材料，在不同的场合能够发挥它们独特的作用。

5.1.2 压力传感器的分类及应用

压力传感器是工业实践中最为常用的一种传感器，其广泛应用于各种工业自控环境，涉及水利水电、铁路交通、智能建筑、生产自控、航空航天、军工、石化、油井、电力、船舶、机床、管道等众多行业，下面就简单介绍一些常用压力传感器原理及其应用。

（1）应变片压力传感器的原理及应用

应变片压力传感器的种类繁多，如电阻应变片压力传感器、半导体应变片压力传感器、压阻式压力传感器、电感式压力传感器、电容式压力传感器、谐振式压力传感器及电容式加速度传感器等。应用最为广泛的是压阻式压力传感器，它具有极低的价格和较高的精度以及较好的线性特性。下面主要介绍压阻式压力传感器。

在了解压阻式压力传感器时，首先认识一下电阻应变片元件。电阻应变片是将被测件上的应变变化转换为电信号的敏感器件，它是压阻式应变传感器的主要组成部分之一。电阻应变片应用最多的是金属电阻应变片和半导体应变片两种。金属电阻应变片又有丝状应变片和金属箔状应变片两种。通常是将应变片通过特殊的黏合剂紧密地黏合在产生力学应变基体上，当基体受力发生应力变化时，电阻应变片也一起产生形变，使应变片的阻值发生改变，从而使加在电阻应变片上的电压发生变化。这种应变片在受力时产生的阻值变化通常较小，一般这种应变片都组成应变电桥，并通过后续的仪表放大器进行放大，再传输给处理电路（通常是 A/D 转换和 CPU）显示或执行机构。

① 金属电阻应变片的内部结构 图 5-1(a) 所示是电阻应变片结构示意图，它由基体材料、金属应变丝或应变箔、绝缘保护片和引出线等部分组成。根据不同的用途，电阻应变片的阻值可以由设计者设计，但电阻的取值范围应注意：阻值太小，所需的驱动电流太大，同时应变片的发热致使本身的温度过高，输出零点漂移明显，调零电路过于复杂；相反，如果阻值太大，阻抗太高，抗外界的电磁干扰能力较差。电阻应变片的阻值一般均为几十欧至几十千欧。

② 电阻应变片的工作原理 金属电阻应变片的工作原理是吸附在基体材料上电阻应变片随机械形变而产生阻值变化的现象，俗称为电阻应变效应。金属导体的电阻值可用下式表示：

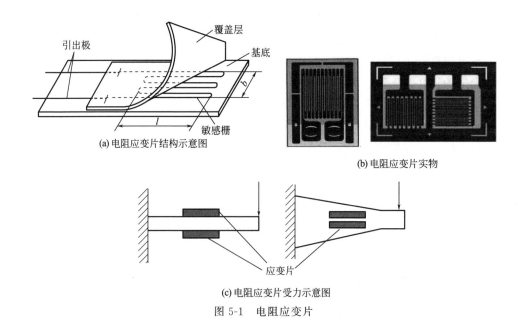

图 5-1 电阻应变片

$$R = \rho \frac{L}{S}$$

式中　ρ——金属导体的电阻率，$\Omega \cdot cm^2/m$；

　　　S——导体的截面积，cm^2；

　　　L——导体的长度，m。

以金属丝应变电阻为例，当金属丝受外力作用时，其长度和截面积都会发生变化，从上式中很容易看出，其电阻值即会发生改变。假如金属丝受外力作用而伸长，其长度增加而截面积减小，电阻值便会增大。当金属丝受外力作用而压缩时，其长度减小而截面积增加，电阻值则会减小。只要测出加在电阻的变化（通常是测量电阻两端的电压），即可获得应变金属丝的应变情况。

（2）陶瓷压力传感器的原理及应用

抗腐蚀的陶瓷压力传感器没有液体的传递，压力直接作用在陶瓷膜片的前表面，使膜片产生微小的形变，厚膜电阻印刷在陶瓷膜片的背面，连接成一个惠斯通电桥（闭桥）。由于压敏电阻的压阻效应，使电桥产生一个与压力成正比的高度线性、与激励电压也成正比的电压信号，标准的信号根据压力量程的不同标定为 2.0/3.0/3.3mV/V 等，可以和应变式传感器相兼容。通过激光标定，传感器具有很高的温度稳定性和时间稳定性，传感器自带温度补偿 0～70℃，并可以和绝大多数介质直接接触。

陶瓷是一种公认的高弹性、抗腐蚀、抗磨损、抗冲击和振动的材料。陶瓷的热稳定特性及它的厚膜电阻可以使它的工作温度范围高达 −40～135℃，而且具有测量的高精度、高稳定性。电气绝缘程度大于 2kV，输出信号强，长期稳定性好。

高性能、低价格的陶瓷压力传感器将是压力传感器的发展方向，在欧美国家有全面替代其他类型传感器的趋势，在中国也有越来越多的用户使用陶瓷压力传感器替代扩散硅压力传感器。

（3）蓝宝石压力传感器的原理及应用

利用应变电阻式工作原理，采用硅-蓝宝石作为半导体敏感元件，具有无与伦比的计量特性。蓝宝石系由单晶体绝缘体元素组成，不会发生滞后、疲劳和蠕变现象；蓝宝石比硅要坚固，硬度更高，不怕形变；蓝宝石有着非常好的弹性和绝缘特性（1000℃以内），因此利用硅-蓝宝石制造的半导体敏感元件对温度变化不敏感（即使在高温条件下，也有着很好的工作特性）；蓝宝石的抗辐射特性极强；另外，硅-蓝宝石半导体敏感元件，无 p-n 漂移，因此从根本上简化了制造工艺，提高了重复性，确保了高成品率。

利用硅-蓝宝石半导体敏感元件制造的压力传感器和变送器，可在最恶劣的工作条件下正常工作，并且具有可靠性高、精度好、温度误差极小、性价比高的优点。

表压压力传感器和变送器由双膜片（即钛合金测量膜片和钛合金接收膜片）构成。印刷有异质外延性应变灵敏电桥电路的蓝宝石薄片，被焊接在钛合金测量膜片上。被测压力传送到接收膜片上（接收膜片与测量膜片之间用拉杆坚固地连接在一起）。在压力的作用下，钛合金接收膜片产生形变，该形变被硅-蓝宝石敏感元件感知后，其电桥输出会发生变化，变化的幅度与被测压力成正比。

传感器的电路能够保证应变电桥电路的供电，并将应变电桥的失衡信号转换为统一的电信号输出（4～20mA 或 0～5V）。在绝压压力传感器和变送器中，蓝宝石薄片与陶瓷基极玻璃焊料连接在一起，起到了弹性元件的作用，将被测压力转换为应变片形变，从而达到压力测量的目的。

（4）压电传感器的原理及应用

压电传感器中主要使用的压电材料包括石英、酒石酸钾钠和磷酸二氢铵。其中石英（二氧化硅）是一种天然晶体，压电效应就是在这种晶体中发现的。在一定的温度范围之内，压电性质一直存在，但温度超过这个范围之后，压电性质完全消失（这个高温就是所谓的"居里点"）。由于随着应力的变化电场变化微小（也就说压电系数比较低），所以石英逐渐被其他的压电晶体所替代。而酒石酸钾钠具有很大的压电灵敏度和压电系数，但是它只能在室温和湿度比较低的环境下应用。磷酸二氢铵属于人造晶体，能够承受高温和相当高的湿度，所以得到了广泛的应用。现在压电效应也应用在多晶体上，比如现在的压电陶瓷，包括钛酸钡压电陶瓷、PZT、铌酸盐系压电陶瓷、铌镁酸铅压电陶瓷等。

压电效应是压电传感器的主要工作原理，压电传感器不能用于静态测量，因为经过外力作用后的电荷，只有在回路具有无限大的输入阻抗时才得到保存。但实际的情况不是这样的，所以这决定了压电传感器只能够测量动态的应力。

压电传感器主要应用在加速度、压力和力等的测量中。因为测量动态压力非常普遍，所以压电传感器的应用非常广泛。

5.1.3 压力传感器的使用要求

压力传感器是一种常用的传感器，具有灵敏度高、稳定性强、互换性以及准确性都比较好等优点，在工业各个领域的应用十分广泛。压力传感器的使用要求如下。

（1）稳定性

压力传感器使用一段时间后，其性能保持不变的能力称为稳定性。影响压力传感器长期稳定性的因素除传感器本身结构外，主要是压力传感器的使用环境。因此，要使压力传感器具有良好的稳定性，压力传感器必须要有较强的环境适应能力。

（2）灵敏度的选择

通常，在压力传感器的线性范围内，希望压力传感器的灵敏度越高越好（因为只有灵敏度高时，与被测量变化对应的输出信号的值才比较大，有利于信号处理）。但要注意的是，压力传感器的灵敏度高，与被测量无关的外界噪声也容易混入，也会被放大系统放大，影响测量精度。因此，要求压力传感器本身应具有较高的信噪比，尽量减少从外界引入的干扰信号。

（3）根据测量对象与测量环境确定传感器的类型

压力传感器要进行一个具体的测量工作，首先考虑采用何种原理的压力传感器，这需要分析多方面的因素之后才能确定（因为即使是测量同一物理量，也有多种原理的压力传感器可供选用）。哪一种原理的传感器更为合适，则需要根据被测量的特点和压力传感器的使用条件考虑以下一些具体问题：量程的大小；被测位置对压力传感器体积的要求；测量方式为接触式还是非接触式；信号的引出方法，有线或是非接触测量；压力传感器的来源，国产还是进口，价格能否承受，还是自行研制。

（4）线性范围

压力传感器的线性范围是指输出与输入成正比的范围。从理论上讲，在此范围内，灵敏度保持定值，压力传感器的线性范围越宽，则其量程越大，并且能保证一定的测量精度。在选择压力传感器时，当压力传感器的种类确定后首先要看其量程是否满足要求。

（5）频率响应特性

压力传感器的频率响应特性决定了被测量的频率范围，必须在允许频率范围内保持不失真。实际上压力传感器的响应总有一定延迟，延迟时间越短越好。

5.1.4 压力传感器的选型步骤

通常，压力传感器在使用中按照以下 5 个步骤进行。

（1）熟悉测量压力类型

先确定系统中测量压力的最大值。一般而言，需要选择一个具有比最大值还要大 1.5 倍左右的压力量程的变送器。尤其是在水压测量和加工处理中，有峰值和持续不规则的上下波动，这种瞬间的峰值能破坏压力传感器，持续的高压力值或稍微超出压力传感器的标定最大值会缩短使用寿命。所以在选择压力传感器时，要充分考虑压力范围、精度与稳定性。

（2）了解压力介质类型

黏性液体会堵上压力接口，溶剂或有腐蚀性的物质会破坏传感器中与这些介质直接接触的材料。这些因素将决定是否选择直接接触的隔离膜及直接与介质接触的材料，比如在扩散硅压力传感器选择时需要注意隔离膜片。

（3）掌握精度

决定压力传感器精度的有非线性、迟滞性、非重复性、零点偏置刻度、温度等，但主要有非线性、迟滞性和非重复性三种。

（4）确定温度范围

通常一个压力传感器会标定两个温度范围，即正常操作的温度范围和温度可补偿的范围。正常操作温度范围是指压力传感器在工作状态下不被破坏时的温度范围，在超出温度补偿范围时，可能会达不到其应用的性能指标。温度补偿范围是一个比正常操作温度范围小的典型范围。

（5）弄清楚输出信号

压力传感器有 mV、V、mA 及频率输出和数字输出等多种类型，选择的输出方式取决于多种因素，包括压力传感器与系统控制器或显示器间的距离，是否存在"电气噪声"或其他干扰信号。

对于许多压力传感器和控制器间距较短的 OEM 设备，采用 mA 输出的压力传感器是最为经济而有效的解决方法。如果需要将输出信号放大，最好采用具有内置放大的变送器。对于远距离传输或存在较强的电子干扰信号，最好采用 mA 级输出或频率输出。

任务 5.2　认识称重传感器

称重传感器（the weighing sensor）是一种将所测物体的重量转换为电信号用以输出的装置。最为简单且贴近于生活的应用就是电子秤了，在踩上去后给秤一个外力，其称重感应到该外力并将其转换为电信号并显示于屏幕上，这样便得知了自己的重量。

5.2.1　称重传感器的起源和发展

1938 年美国加利福尼亚理工学院教授 E. Simmons 和麻省理工学院教授 A. Ruge 分别研制出纸基丝绕式电阻应变计，命名为 SR-4 型，由美国 BLH 公司专利生产，为研制应变式负荷传感器奠定了理论和物质基础。

1940 年美国 BLH 公司和 Revere 公司总工程师 A. Thurston 利用 SR-4 型电阻应变计研制出圆柱结构的应变式负荷传感器，用于工程测力和称重计量，成为应变式负荷传感器的创始者。

　　1942 年应变式负荷传感器在美国已经大量生产。称重传感器的发展经历了 70 年代的切应力负荷传感器和铝合金小量程负荷传感器两大技术突破；80 年代称重传感器与测力传感器彻底分离，制定 R60 国际建议和研发出数字式智能称重传感器两项重大变革；90 年代在结构设计和制造工艺中不断纳入高新技术迎接新挑战，使称重传感器技术得到极大的发展。

图 5-2　常见称重传感器外形

5.2.2　常见称重传感器外形

　　常见称重传感器外形如图 5-2 所示。

5.2.3　称重传感器的原理

　　电阻应变式称重传感器主要由弹性体、电阻应变片和补偿电路组成。弹性体是称重传感器的受力元件，由优质合金钢或优质铝型材制成。电阻应变片是由金属箔材腐蚀成栅格形制成的，四个电阻应变片以电桥的结构方式粘在弹性体上。在没有受力的情况下，电桥的四只电阻的阻值是相等的，电桥处于平衡状态，输出为零。在弹性体受力发生变形时，电阻应变片随之变形。在弹性体受力弯曲的过程中，有两个应变片受拉，金属丝变长，电阻值增加；另两个应变片受压，电阻值减小。这样就导致原来平衡的电桥失衡，在电桥的两端产生了电压差，这个电压差与弹性体受力的大小成正比，检测这个电压差，就可以得到传感器所受重力的大小。这个电压信号经过仪表检测并计算后，就可以得到相应的重量值。

　　接下来以电阻应变式称重传感器为例来讲述称重传感器原理。在电阻应变式称重传感器中，敏感元件为弹性体，变换元件为电容器，测量元件为电桥电路。其工作原理是：首先，受被测物体重力影响弹性体产生形变；其次，弹性体形变使得电阻应变片发生形变，进而将其转换为电阻量的变化；最后，经电桥电路将电阻的变化转换为电信号，如图 5-3 所示。至此，便完成了将物体的重量转变为电信号的过程。

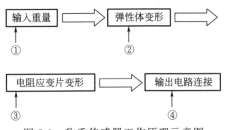

图 5-3　称重传感器工作原理示意图

5.2.4　称重传感器的常用技术参数

　　在介绍称重传感器技术参数时，传统的方法是采用分项指标，其优点是物理意义明确，沿用多年，熟悉的人较多。称重传感器的主要项目如下。

（1）额定容量

额定容量是指生产厂家给出的称量范围的上限值。

（2）额定输出（灵敏度）

额定输出（灵敏度）是指加额定载荷时和无载荷时，传感器输出信号的差值。由于称重传感器的输出信号与所加的激励电压有关，所以额定输出的单位以 mV/V 来表示。

（3）灵敏度允差

灵敏度允差是指传感器的实际稳定输出与对应的标称额定输出之差对该标称额定输出的百分比。例如，某称重传感器的实际额定输出为 2.002mV/V，与之相适应的标准额定输出则为 2mV/V，则其灵敏度允差为 $[(2.002-2.000)/2.000]\times 100\%=0.1\%$。

（4）非线性

非线性是指由空载荷的输出值和额定载荷时输出值所决定的直线和增加负荷实测曲线之间最大偏差与额定输出值的百分比。

（5）滞后允差

从无载荷逐渐加载到额定载荷然后再逐渐卸载。在同一载荷点上加载和卸载输出量的最大差值对额定输出值的百分比称为滞后允差。

（6）重复性误差

在相同的环境条件下，对传感器反复加荷到额定载荷并卸载。在加荷过程中同一负荷点上输出值的最大差值对额定输出的百分比称为重复性误差。

（7）蠕变

蠕变是指在负荷不变（一般取为额定载荷），其他测试条件也保持不变的情形下，称重传感器输出随时间的变化量对额定输出的百分比。

（8）零点输出

零点输出是指在推荐电压激励下，未加载荷时传感器的输出值对额定输出的百分比。

（9）绝缘阻抗

绝缘阻抗是指传感器的电路和弹性体之间的直流阻抗值。

（10）输入阻抗

当信号输出端开路且传感器未加载荷时，从电源激励输入端测得的阻抗值称为输入阻抗。

（11）输出阻抗

当电源激励输入端短路、传感器未加载荷时，从信号输出端测得的阻抗称为输出阻抗。

（12）温度补偿范围

在此温度范围内，传感器的额定输出和零点平衡均经过严密补偿，从而不会超出规定的范围。

（13）零点温度影响

零点温度影响是指环境温度的变化引起的零平衡变化。一般以温度每变化 10K 引起的零平衡变化量对额定输出的百分比来表示。

（14）额定输出温度影响

额定输出温度影响是指环境温度的变化引起的额定输出变化。一般以温度每变化 10K 引起额定输出的变化量对额定输出的百分比来表示。

（15）使用温度范围

传感器在此温度范围内使用其任何性能参数均不会产生永久性有害变化。

5.2.5　称重传感器的应用

称重传感器是一种能够将重力转变为电信号的力-电转换装置，是电子衡器的一个关键部件。能够实现力-电转换的称重传感器有多种，常见的有电阻应变式、

图 5-4　电子秤实物

电磁力式和电容式等。电磁力式主要用于电子天平，电容式用于部分电子吊秤，而绝大多数衡器产品所用的还是电阻应变式称重传感器。电阻应变式称重传感器结构较简单，准确度高，适用面广，且能够在相对比较差的环境下使用。因此电阻应变式称重传感器在衡器产品中得到了广泛运用。图 5-4 为电子秤实物。

在人们的现实生活中，就有将重力转换为电信号从而可以对某情况实施自动化控制的例子。例如高速入口处的动态称重桥，该称重桥将汽车重量转换为电信号，若电信号显示汽车过载，则可以控制交通信号灯为红灯，表明汽车不被允许进入高速公路；若信号显示汽车未过载，则可以控制交通信号灯为绿灯，表明汽车被允许进入高速公路。这种动态称重桥还常位于收费站车道上，可将汽车重量转换为电信号进而自动计算出其所需缴费量。

5.2.6　称重传感器的分类

称重传感器按转换方法分为光电式、液压式、电磁力式、电容式、磁极变形式、电阻应变式六类，以电阻应变式使用最广。

（1）电阻应变式称重传感器

电阻应变式称重传感器利用电阻应变片变形时其电阻也随之改变的原理工作。它主要由弹性元件、电阻应变片、测量电路和传输电缆四部分组成。电阻应变片贴在弹性元件上，弹性元件受力变形时，其上的应变片随之变形，并导致电阻改变。测量电路测出应变片电阻的变化并转换为与外力大小成比例的电信号输出。电信号经处理后以数字形式显示出被测物的质量。

（2）液压式荷重传感器

在受被测物重力 P 作用时，液压油的压力增大，增大的程度与 P 成正比。测出压力的增大值，即可确定被测物的质量。液压式荷重传感器结构简单且牢固，测量范围大，但准确度一般不超过 1/100。

（3）电磁力式称重传感器

电磁力式称重传感器利用承重台上的负荷与电磁力相平衡的原理工作。当承重台上放有被测物时，杠杆的一端向上倾斜；光电件检测出倾斜度信号，经放大后流入线圈，并产生电磁力，使杠杆恢复至平衡状态。对产生电磁平衡力的电流进行数字转换，即可确定被测物的质量。电磁力式称重传感器准确度高，可达 1/2000～1/60000，但称量范围仅在几十毫克至 10kg 之间。

（4）电容式称重传感器

电容式称重传感器利用电容器振荡电路的振荡频率 f 与极板间距 d 成正比例关系工作。极板有两块，一块固定不动，另一块可移动。在承重台加载被测物时，板簧挠曲，两极板之间的距离发生变化，电路的振荡频率也随之变化。测出频率的变化即可求出承重台上被测物的质量。电容式称重传感器耗电量少，造价低，准确度为 1/200～1/500。

（5）磁极变形式称重传感器

铁磁元件在被测物重力作用下发生机械变形时，内部产生应力并引起磁导率变化，使绕在铁磁元件两侧的次级线圈的感应电压也随之变化。测量出电压的变化量即可求出加到磁极上的力，进而确定被测物的质量。磁极变形式称重传感器的准确度不高，一般为 1/100，适用于大吨位称量工作，称量范围为几十千克至几万千克。

（6）光电式称重传感器

光电式称重传感器包括光栅式和码盘式两种。

① 光栅式传感器 利用光栅形成的莫尔条纹把角位移转换成光电信号。光栅有两块，一块为固定光栅，另一块为装在表盘轴上的移动光栅。加在承重台上的被测物通过传力杠杆系统使表盘轴旋转，带动移动光栅转动，使莫尔条纹也随之移动。利用光电管、转换电路和显示仪表，即可计算出移过的莫尔条纹数量，测出光栅转动角的大小，从而确定和读出被测物质量。

② 码盘式传感器 码盘式传感器码盘是一块装在表盘轴上的透明玻璃，上面带有按一定编码方法编定的黑白相间的代码。加在承重台上的被测物通过传力杠杆使表盘轴旋转时，码盘也随之转过一定角度。光电池将透过码盘接收光信号并转换成电信号，然后由电路进行数字处理，最后在称重显示器上显示出代表被测物质量的数字。光电式称重传感器曾主要用在机电结合秤上。

5.2.7 称重传感器的使用注意事项

称重传感器本身是一种坚固、耐用、可靠的机电产品。为了保证称重传感器测试精度，下面列出一些使用注意事项。

（1）机械安装方面

① 称重传感器要轻拿轻放，尤其是由合金铝制作弹性体的小容量称重传感器，任何冲击、跌落对其计量性能均可能造成极大损害。对于大容量称重传感器，一般具有较大的自重，故而要求在搬运、安装时，尽可能使用适当的起吊设备（如手拉葫芦、电动葫芦等）。

② 称重传感器的底座安装面应平整、清洁，无任何油膜、胶膜等存在。安装底座本身应有足够的强度和刚度，一般要求高于称重传感器本身的强度和刚度。

③ 水平调整有两个方面的内容：一是单个称重传感器安装底座的安装平面要用水平仪调整水平；另一方面是指多个称重传感器安装底座的安装面要尽量调整到一个水平面上（用水准仪），尤其是称重传感器多于三个的称重系统中更应注意，这样做的主要目的是使各称重传感器所承受的负荷基本一致。

④ 每种称重传感器的加载方向都是确定的，使用时一定要在此方向上加载负荷。横向力、附加的弯矩和扭矩力应尽量避免。

⑤ 尽量采用有自动定位（复位）作用的结构配件，如球形轴承、关节轴承、定位紧固器等，它们可以防止某些横向力作用在称重传感器上。要说明的是：有些横向力并不是由机械安装引起的，如热膨胀引起的横向力、风力引起的横向力及某些容器类衡器上搅拌器振动引起的横向力等都不是由机械安装引起的。

⑥ 某些衡器上必须接到秤体上的附件（如容器秤的输料管道等），应让它们在称重传感器加载主轴的方向上尽量柔软一些，以防止它们"吃掉"称重传感器的真实负荷而引起误差。

⑦ 称重传感器周围应尽量设置一些"挡板"，甚至用薄金属板把称重传感器罩起来。这样可防止杂物玷污称重传感器及某些可动部分，这种"玷污"往往会使可动部分运动不爽，而影响称量精度。

系统有无运动不爽现象，可以用以下方法判别，即在秤台上加或减大约 1/1000 额定负荷看称重显示仪是否有反应，有则说明可动部分未受"玷污"。

⑧ 称重传感器虽然有一定的过载能力，但是在称重系统安装过程中，仍应防止称重传感器的超载。要注意的是，即使是短时间的超载，也可能会造成称重传感器永久损坏。在安装过程中，若确有必要，可先用一个和称重传感器等高度的垫块代替称重传感器，到最后再把称重传感器换上。

在正常工作时，称重传感器一般均应设置过载保护的机械结构件。

⑨ 若用螺杆固定称重传感器，要求有一定的紧固力矩，而且螺杆应有一定的旋入螺纹深度。一般而言，固定螺杆应采用高强度螺杆。

⑩ 称重传感器应采用绞合铜线（截面积约 50mm^2）形成电气旁路，以保护称重传感器免受电焊电流或雷击造成的危害。

⑪ 称重传感器使用中必须避免强烈的热辐射，尤其是单侧的强烈热辐射。

（2）电气连接方面

① 称重传感器的信号电缆不应和强电电源线或控制线并行布置（例如不要把

称重传感器信号线和强电电源线及控制线置于同一管道内）。若它们必须并行放置，它们之间的距离应保持在 50cm 以上，并把信号线用金属管套起来。

不管在何种情况下，电源线和控制线均应绞合起来，绞合度为 50r/m。

② 若称重传感器信号线需要延长，则应采用特制的密封电缆接线盒。若不用此种接线盒，而采用电缆与电缆直接对接（锡焊端头），则应对密封防潮特别予以注意。接好后应检验绝缘电阻，且需达到标准（2000～5000m），必要时应重新标定称重传感器。

③ 若信号电缆线很长，又要保证很高的测量精度，应考虑采用带有中继放大器的电缆补偿电路。

④ 所有通向显示电路或从电路引出的导线，均应采用屏蔽电缆。屏蔽线的连接及接地点应合理。

注意：有 3 只称重传感器是全并联接法，称重传感器本身是 4 线制，但在接线盒内换成 6 线制接法。称重传感器输出信号读出电路不应和能产生强烈干扰的设备（如晶闸管、接触器等）及有可观热量产生的设备放在同一箱体中，若不能保证这一点，则应考虑在它们之间设置障板隔离，并在箱体内安置风扇。

⑤ 用以测量称重传感器输出信号的电子线路，应尽可能配置独立的供电变压器，而不要和接触器等设备共用同一主电源。

5.2.8　平行梁应变式称重传感器

实验电子秤、邮政电子秤、厨房电子秤等一般都选用双孔悬臂平行梁应变式称重传感器。它的特点是精度高、易加工、结构简单紧凑、抗偏载能力强、固有频率高，其典型结构如图 5-5 所示。

（1）平行梁应变式称重传感器的工作原理

平行梁应变式称重传感器的受力工作原理示意图如图 5-6 所示。

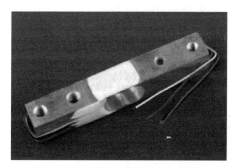

图 5-5　双孔悬臂平行梁应变式
称重传感器

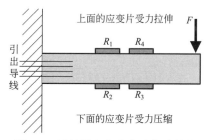

图 5-6　平行梁应变式称重传感器的
受力工作原理示意图

将应变片粘贴在受力的力敏型弹性元件上，当弹性元件受力产生形变时，应变片产生相应的应变，并转化成电阻变化。将应变片接成图 5-7 所示的电桥，力引起

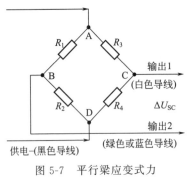

图 5-7　平行梁应变式力
传感器测量电桥

的电阻变化将转换成测量电路的电压变化，通过测量输出电压的数值，再通过换算即可得到所测量物体的质量。

电桥的四个臂上接工作应变片，都参与机械变形，同处一个温度场，温度影响相互抵消，电压输出灵敏度高。当四个应变片材料、阻值都相同时，可推导出以下公式：

$$\Delta U_{SC} = \frac{EK}{4}(\varepsilon_1 - \varepsilon_2 + \varepsilon_3 - \varepsilon_4) = \frac{EK}{4} 4\varepsilon_1$$

式中，$\varepsilon_1 \sim \varepsilon_4$ 为与电阻应变后 $R_1 \sim R_4$ 相对应的应变值。

（2）平行梁应变式称重传感器的使用

平行梁应变式称重传感器使用时按悬臂梁方式安装，具体安装方式可以参见图 5-8。

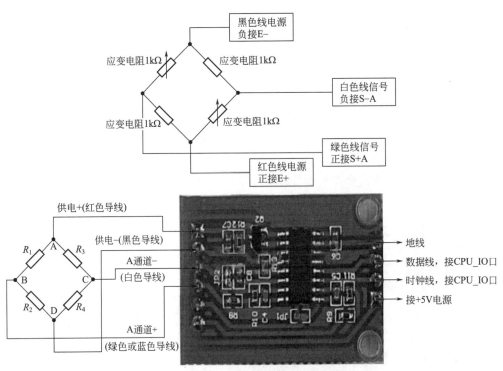

图 5-8　平行梁式称重传感器接线示意图

传感器的变形量是很微小的，在安装、使用过程中要特别注意，不要超载。如果外力撤除后不能恢复原来形状，发生塑性变形，则说明传感器损坏了。传感器有四根线连接外接电路，红色线为电源正极输入，黑色线为电源负极输入，白色线为信号输出 1，蓝（或绿）色线为信号输出 2。为保证精度，一般不要随意调整线长。

（3）平行梁应变式称重传感器的参数

HL-8 型称重传感器主要技术参数如表 5-1 所示。

表 5-1　HL-8 型称重传感器主要技术参数

量程/kg	3,15	额定输出温度漂移/(%FS/10℃)	≤0.15
综合误差/%FS	0.05	零点输出/(mV/V)	±0.1
灵敏度/(mV/V)	1.0±0.1	输入电阻/Ω	1000±50
非线性/%FS	0.05	输出电阻/Ω	1000±50
重复性/%FS	0.05	绝缘电阻/MΩ	≥2000(DC 100V)
滞后/%FS	0.05	推荐激励电压/V	5～10
蠕变/(%FS/3min)	0.05	工作温度范围/℃	−10～+50
零点漂移/(%FS/1min)	0.05	过载能力/%FS	150
零点温度漂移/(%FS/10℃)	0.2		

（4）平行梁应变式称重传感器的受力方式

HL-8 型称重传感器受力方式如图 5-9 所示。

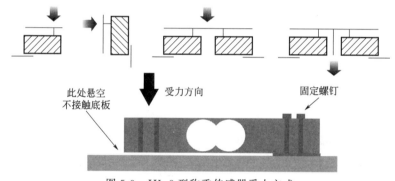

此处悬空
不接触底板　　　受力方向　　　　固定螺钉

图 5-9　HL-8 型称重传感器受力方式

任务 5.3　认识 HX711 芯片

5.3.1　概述

HX711 是一款专为高精度称重传感器而设计的 24 位 A/D 转换器芯片。与同类型其他芯片相比，该芯片集成了包括稳压电源、片内时钟振荡器等外围电路，具有集成度高、响应速度快、抗干扰性强等优点；降低了电子秤的整机成本，提高了整机的性能。该芯片与后端 MCU 芯片的接口和编程非常简单，所有控制信号由引脚驱动，无需对芯片内部的寄存器编程。输入选择开关可任意选取通道 A 或通道 B，与其内部的低噪声可编程放大器相连。通道 A 的可编程增益为 128 或

64，对应的满额度差分输入信号幅值分别为±20mV 或±40mV。通道 B 增益则为固定的 32，用于系统参数检测。芯片内提供的稳压电源可以直接向外部传感器和芯片内的 A/D 转换器提供电源，系统板上无需另外的模拟电源。芯片内的时钟振荡器不需要任何外接器件。上电自动复位功能简化了开机的初始化过程。

5.3.2　特点

① 两路可选择差分输入。

② 片内低噪声可编程放大器，可选增益为 64 和 128。

③ 片内稳压电路可直接向外部传感器和芯片内 A/D 转换器提供电源。

④ 片内时钟振荡器无需任何外接器件，必要时也可使用外接晶振或时钟。

⑤ 上电自动复位电路。

⑥ 简单的数字控制和串口通信：所有控制由引脚输入，芯片内寄存器无需编程。

⑦ 可选择 10Hz 或 80Hz 的输出数据速率。

⑧ 同步抑制 50Hz 和 60Hz 的电源干扰。

⑨ 耗电量（含稳压电源电路）：典型工作电流<1.7mA，断电电流<1μA。

⑩ 工作电压范围：2.7～5.5V。

⑪ 工作温度范围：−20～+85℃。

⑫ 16 引脚的 SOP-16 封装。

5.3.3　内部结构及引脚说明

（1）内部结构

HX711 芯片内部框图如图 5-10 所示。

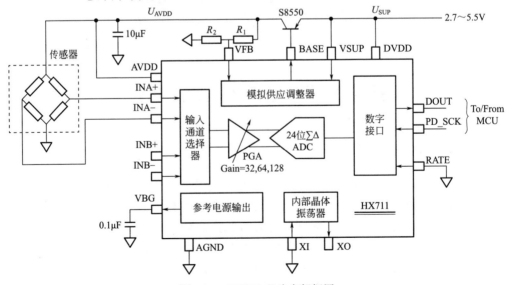

图 5-10　HX711 芯片内部框图

（2）引脚图

HX711 芯片的引脚图如图 5-11 所示。

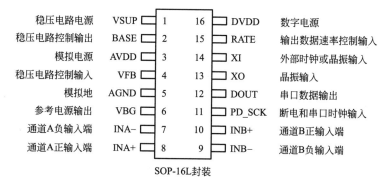

稳压电路电源　VSUP　1　16　DVDD　数字电源
稳压电路控制输出　BASE　2　15　RATE　输出数据速率控制输入
模拟电源　AVDD　3　14　XI　外部时钟或晶振输入
稳压电路控制输入　VFB　4　13　XO　晶振输入
模拟地　AGND　5　12　DOUT　串口数据输出
参考电源输出　VBG　6　11　PD_SCK　断电和串口时钟输入
通道A负输入端　INA–　7　10　INB+　通道B正输入端
通道A正输入端　INA+　8　9　INB–　通道B负输入端

SOP-16L封装

图 5-11　HX711 芯片的引脚图

（3）引脚功能说明

HX711 芯片的引脚说明如表 5-2 所示。

表 5-2　HX711 芯片的引脚说明

引脚号	名称	性能	描述
1	VSUP	电源	稳压电路供电电源：2.7～5.5V
2	BASE	模拟输出	稳压电路控制输出（不用稳压电路时为无连接）
3	AVDD	电源	模拟电源：2.7～5.5V
4	VFB	模拟输入	稳压电路控制输入（不用稳压电路时应接地）
5	AGND	地	模拟地
6	VBG	模拟输出	参考电源输出
7	INA−	模拟输入	通道 A 负输入端
8	INA+	模拟输入	通道 A 正输入端
9	INB−	模拟输入	通道 B 负输入端
10	INB+	模拟输入	通道 B 正输入端
11	PD_SCK	数字输入	断电控制（高电平有效）和串口时钟输入
12	DOUT	数字输出	串口数据输出
13	XO	数字输入	晶振输入（不用晶振时为无连接）
14	XI	数字输入	外部时钟或晶振输入，0：使用片内振荡器
15	RATE	数字输入	输出数据速率控制，0：10Hz；1：80Hz
16	DVDD	电源	数字电源：2.7～5.5V

5.3.4　电气特性

HX711 芯片的电气特性如表 5-3 所示。

表 5-3　HX711 芯片的电气特性

参数	条件及说明	最小值	典型值	最大值	单位
满额度差分输入范围	$V(\text{inp})-V(\text{inn})$		$\pm0.5(\text{AVDD/GAIN})$		V
有效位数[①]	增益＝128,速率＝10Hz		19.7		bit
无噪声位数[②]	增益＝128,速率＝10Hz		17.3		bit
积分非线性(INL)	满量程的百分比		±0.001		%FSR
输入共模电压范围		AGND＋1.2		AVDD－1.3	V
输出数据速率	使用片内振荡器,RATE＝0		10		Hz
	使用片内振荡器,RATE＝DVDD		80		
	外部时钟或晶振,RATE＝0		$f_{\text{clk}}/1105920$		
	外部时钟或晶振,RATE＝DVDD		$f_{\text{clk}}/138240$		
输出数据编码	二进制补码	800000		7FFFFF	HEX
输出稳定时间[③]	RATE＝0		400		ms
	RATE＝DVDD		50		
输入零点漂移	增益＝128		0.1		mV
	增益＝64		0.2		
输入噪声	增益＝128,RATE＝0		50		nV(rms)
	增益＝128,RATE＝DVDD		90		
温度系数	输入零点漂移(增益＝128)		±12		nV/℃
	增益漂移(增益＝128)		±7		$10^{-6}℃^{-1}$
输入共模信号抑制比	增益＝128,RATE＝0		100		dB
电源干扰抑制比	增益＝128,RATE＝0		100		dB
输出参考电压(U_{BG})			1.25		V
外部时钟或晶振频率		1	11.0592	20	MHz
电源电压	DVDD	2.6		5.5	V
	AVDD,VSUP	2.6		5.5	
模拟电源电流(含稳压电路)	正常工作		1500		μA
	断电		0.5		
数字电源电流	正常工作		100		μA
	断电		0.2		

①有效位数 ENBs (Effective Number of Bits)＝ln(FSR/RMS Noise)/ln2。FSR 为满量程输入或输出,RMS Noise 为对应的输入或输出噪声有效值。

②无噪声位数 (Noise-Free Bits)＝ln(FSR/Peak-to-Peak Noise)/ln2。FSR 为满量程输入或输出,Peak-to-Peak Noise 为对应的输入或输出噪声峰-峰值。

③输出稳定时间指从上电、复位、输入通道或增益改变到有效的稳定输出数据时间。

5.3.5 模拟输入

通道 A 模拟差分输入可直接与桥式传感器的差分输出相接。由于桥式传感器输出的信号较小，为了充分利用 A/D 转换器的输入动态范围，该通道的可编程增益较大，为 128 或 64。这些增益所对应的满量程差分输入电压分别为 $\pm 20\text{mV}$ 或 $\pm 40\text{mV}$。通道 B 增益为固定的 32，所对应的满量程差分输入电压为 $\pm 80\text{mV}$。通道 B 应用于包括电池在内的系统参数检测。

5.3.6 供电电源

数字电源（DVDD）应使用与 MCU 芯片相同的数字供电电源。HX711 芯片内的稳压电路可同时向 A/D 转换器和外部传感器提供模拟电源。稳压电源的供电电压（VSUP）可与数字电源（DVDD）相同。稳压电源的输出电压值（U_{AVDD}）由外部分压电阻 R_1、R_2 和芯片的输出参考电压 VBG 决定（图 5-10），$U_{\text{AVDD}}=\text{VBG}(R_1+R_2)/R_2$。应选择该输出电压比稳压电源的输入电压（VSUP）低至少 100mV。如果不使用芯片内的稳压电路，引脚 VSUP 和引脚 AVDD 应相连，并接到电压为 2.7～5.5V 的低噪声模拟电源。引脚 VBG 上不需要外接电容，引脚 VFB 应接地，引脚 BASE 为无连接。

5.3.7 时钟选择

如果将引脚 XI 接地，HX711 将自动选择使用内部时钟振荡器，并自动关闭外部时钟输入和晶振的相关电路。在这种情况下，典型输出数据速率为 10Hz 或 80Hz。如果需要准确的输出数据速率，可将外部输入时钟通过一个 20pF 的隔直电容连接到 XI 引脚上，或将晶振连接到 XI 和 XO 引脚上。在这种情况下，芯片内的时钟振荡器电路会自动关闭，晶振时钟或外部输入时钟电路被采用。此时，若晶振频率为 11.0592MHz，输出数据速率为准确的 10Hz 或 80Hz。输出数据速率与晶振频率以上述关系按比例增加或减小。使用外部输入时钟时，外部时钟信号不一定需要为方波。可将 MCU 芯片的晶振输出引脚上的时钟信号通过 20pF 的隔直电容连接到 XI 引脚上，作为外部时钟输入。外部时钟输入信号的幅值可低至 150mV。

5.3.8 串口通信

串口通信线由引脚 PD_SCK 和 DOUT 组成，用来输出数据，选择输入通道和增益。当数据输出引脚 DOUT 为高电平时，表明 A/D 转换器还未准备好输出数据，此时串口时钟输入信号 PD_SCK 应为低电平。当 DOUT 从高电平变为低电平后，PD_SCK 应输入 25～27 个不等的时钟脉冲，如图 5-12 所示。其中第 1 个时钟脉冲的上升沿将读出输出 24 位数据的最高位（MSB），直至第 24 个时钟脉冲完成，24 位输出数据从最高位至最低位逐位输出完成。第 25～第 27 个时钟脉冲用来选择下一次 A/D 转换的输入通道和增益，如表 5-4 所示。

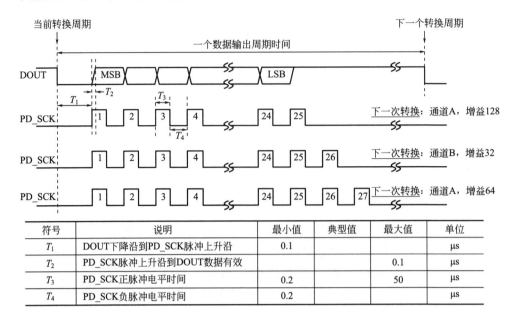

图 5-12　数据输出、输入通道和增益选择时序图

符号	说明	最小值	典型值	最大值	单位
T_1	DOUT下降沿到PD_SCK脉冲上升沿	0.1			μs
T_2	PD_SCK脉冲上升沿到DOUT数据有效			0.1	μs
T_3	PD_SCK正脉冲电平时间	0.2		50	μs
T_4	PD_SCK负脉冲电平时间	0.2			μs

表 5-4　输入通道和增益选择

PD_SCK 脉冲数	输入通道	增益
25	A	128
26	B	32
27	A	64

　　PD_SCK 的输入时钟脉冲数不应少于 25 或多于 27，否则会造成串口通信错误。当 A/D 转换器的输入通道或增益改变时，A/D 转换器需要 4 个数据输出周期才能稳定。DOUT 在 4 个数据输出周期后才会从高电平变为低电平，输出有效数据。

5.3.9　复位和断电

　　当芯片上电时，芯片内的上电自动复位电路会使芯片自动复位。引脚 PD_SCK 输入用来控制 HX711 的断电。当 PD_SCK 为低电平时，芯片处于正常工作状态。

　　如果 PD_SCK 从低电平变为高电平并保持在高电平超过 60μs，HX711 即进入断电状态，如图 5-13 所示。如使用片内稳压电源电路，断电时，外部传感器和片内 A/D 转换器会被同时断电。当 PD_SCK 重新回到低电平时，芯片会自动复位后进入正常工作状态。芯片从复位或断电状态进入正常工作状态后，通道 A 和增益 128 会被自动选择作为第一次 A/D 转换的输入通道和增益。随后的输入通道和增益选择由 PD＿SCK 的脉冲数决定（参见串口通信一节）。芯片从复位或断电状态进入正常工作状态后，A/D 转换器需要 4 个数据输出周期才能稳定。DOUT 在 4 个数据输出周期后才会从高电平变为低电平，输出有效数据。

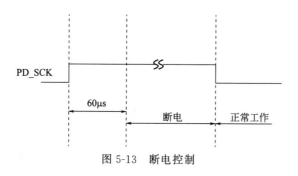

图 5-13　断电控制

5.3.10　应用实例

（1）典型应用方案

图 5-14 为 HX711 芯片应用于电子秤的典型应用电路。该电路使用内部时钟振荡器（XI＝0），10Hz 的输出数据速率（RATE＝0）。电源（2.7～5.5V）直接取用与 MCU 芯片相同的供电电源。片内稳压电源电路通过片外 PNP 管 S8550 和分压电阻 R1、R2 向传感器和 A/D 转换器提供稳定的低噪声模拟电源。通道 A 与传感器相连，通道 B 通过片外分压电阻（未在图中显示）与电池相连，用于检测电池电压。

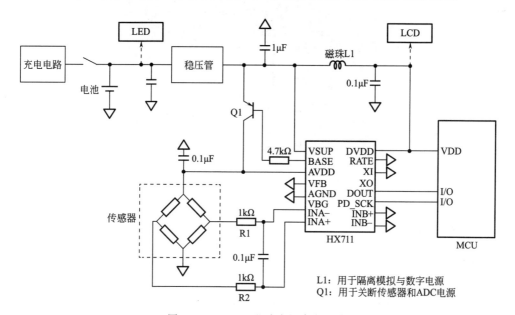

图 5-14　HX711 芯片应用参考电路

（2）参考 PCB（单层）

图 5-15 为与 HX711 相关部分的 PCB 板参考设计电路，图 5-16 所示为相应的单层 PCB 板参考设计板图。

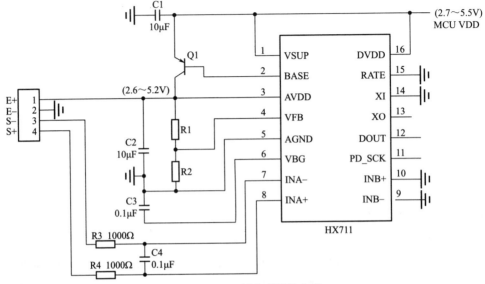

图 5-15　PCB 板参考设计电路

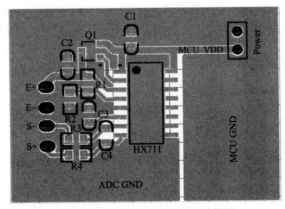

图 5-16　单层 PCB 板参考设计板图

（3）参考驱动程序

① 汇编程序

```
/ * -----------------------------------------------------------
在 ASM 中调用:LCALL ReadAD
可以在 C 中调用:extern unsigned long ReadAD(void);
unsigned long data;
```

```
data＝ReadAD();
-------------------------------------------------------------- * /
PUBLIC ReadAD
HX711ROM segment code
rseg HX711ROM
sbit ADDO＝P1.5;
sbit ADSK＝P0.0;
/ * -----------------------------------------------
OUT:R4,R5,R6,R7 R7＝＞LSB
如果在 C 中调用,不能修改 R4,R5,R6,R7
----------------------------------------------- * /
ReadAD:
CLR ADSK//使能 AD(PD_SCK 置低)
SETB ADDO//51CPU 准双向 I/O 输入使能
JB ADDO,$ //判断 A/D 转换是否结束,若未结束则等待,否则开始读取
MOV R4,＃24
ShiftOut:
SETB ADSK//PD_SCK 置高(发送脉冲)
NOP
CLR ADSK//PD_SCK 置低
MOV C,ADDO//读取数据(每次一位)
XCH A,R7//移入数据
RLC A
XCH A,R7
XCH A,R6
RLC A
XCH A,R6
XCH A,R5
RLC A
XCH A,R5
DJNZ R4,ShiftOut//判断是否移入 24 位
SETB ADSK
NOP
CLR ADSK
RET END
```

② 参考 C 程序

```
Sbit ADDO＝P1^5;
Sbit ADSK＝P0^0;
Unsigned long ReadCount(void){
    Unsigned long Count;
```

```
Unsigned char i;
  ADDO=1;
  ADSK=0;
  Count=0;
  While(ADDO);
  for(i=0;i<24;i++){
  ADSK=1;
  Count=Count≪1;
ADSK=0;
  if(ADDO)Count++;
}
  ADSK=1;
Count=Count^0x800000;
ADSK=0;
return(Count);
}
```

（4）封装尺寸

图 5-17 所示为 SOP-16L 封装尺寸。

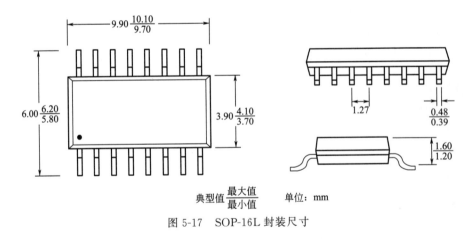

典型值 最大值/最小值   单位：mm

图 5-17   SOP-16L 封装尺寸

（5）注意事项

① 所有数字输入引脚，包括 RATE、XI 和 PD_SCK 引脚，芯片内均无内置拉高或拉低电阻。这些引脚在使用时不应悬空。

② 建议使用通道 A 与传感器相连，作为小信号输入通道；通道 B 用于系统参数检测，如电池电压检测。

③ 建议使用 PNP 管 S8550 与片内稳压电源电路配合。也可根据需要使用其他MOS 管或双极晶体管，但应注意稳压电源的稳定性。

④ 无论是采用片内稳压电源或系统上其他电源，建议传感器和 A/D 转换器使

用同一模拟供电电源。

⑤ 输入时钟脉冲数不应少于 25 或多于 27，否则会造成串口通信错误。

任务 5.4 认识电子秤专业语音芯片

5.4.1 电气特性

电源电压 U_{DD}：2.4～4.5V。

静态电流 I_{sb}：$\leqslant 2\mu A$。

工作电流 I_{op}：2mA（空载）。

音频输出方式：D/A 输出（DAC 输出）。

工作温度：$-20\sim +80℃$。

封装形式：DIP8/SOP8。

5.4.2 引脚功能

（1）引脚图

电子秤专业语音芯片的引脚图如图 5-18 所示。

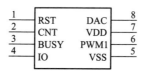

图 5-18 电子秤专业语音芯片引脚图

（2）引脚功能说明

电子秤专业语音芯片的引脚功能说明如表 5-5 所示。

表 5-5 电子秤专业语音芯片的引脚功能说明

引脚号	名称	说明	引脚号	名称	说明
1	RST	脉冲计数复位	5	VSS	电源负极
2	CNT	脉冲触发信号	6	PWM1	NC
3	BUSY	工作状态忙	7	VDD	电源正极
4	IO	NC	8	DAC	信号输出

注：NC 脚悬空不接。

5.4.3 原理图

电子秤专业语音芯片的典型电路如图 5-19 所示，外接功放电路如图 5-20 所示。

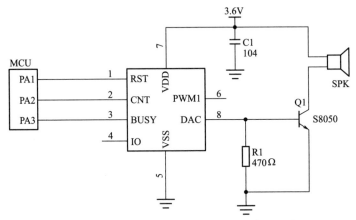

图 5-19 电子秤专业语音芯片的典型应用电路

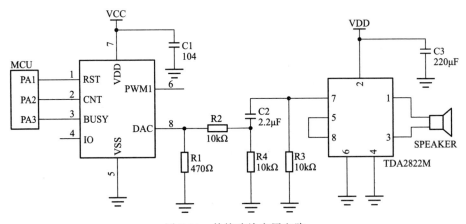

图 5-20 外接功放应用电路

5.4.4 时序图

电子秤专业语音芯片的时序图如图 5-21 所示。每次发脉冲触发信号前先发 RST 复位脉冲，计数器大于 $100\mu s$，等待 $100\mu s$ 后再发触发信号，发第 N 个触发信号放第 N 段语音。

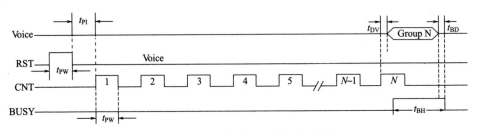

图 5-21 电子秤专业语音芯片的时序图

图中符号说明：

t_{PI}：RST 信号和 CNT 信号相邻两个脉冲之间的时间间隙，其值为 $100\mu s$。

t_{PW}：串行模式输入脉冲宽度，其值为 $100\mu s$。

t_{BH}：忙信号（BUSY）输出维持时间，其值为 $200\mu s$。

t_{BD}：忙信号（BUSY）输出延迟时间，其值为 $20\mu s$。

t_{DV}：语音信号输出延迟时间，其值为 $20\mu s$。

5.4.5　语音内容

电子秤专业语音芯片的语音内容如表 5-6 所示。

表 5-6　电子秤专业语音芯片的语音内容

地址	语音内容	地址	语音内容	地址	语音内容
1	无	10	8	19	单价
2	0	11	9	20	公斤
3	1	12	十	21	金额
4	2	13	百	22	重量
5	3	14	千	23	总计
6	4	15	点	24	您好
7	5	16	元	25	谢谢
8	6	17	角	26	
9	7	18	分		

任务 5.5　称重传感器应用

5.5.1　项目总电路

项目总电路如图 5-22 所示。

5.5.2　电路各部分作用

（1）单片机控制电路

单片机控制电路是由单片机、外接时钟电路、复位电路三部分组成的最小系统。

① 单片机采用 STC12C52（五个项目中的单片机都是 STC12C52 系列单片机）。

② 时钟电路由独石电容 C8 和 C9、晶体振荡器 Y1 组成。

③ 复位电路由电解电容器 C7、复位按钮、上拉电阻 R2 组成。

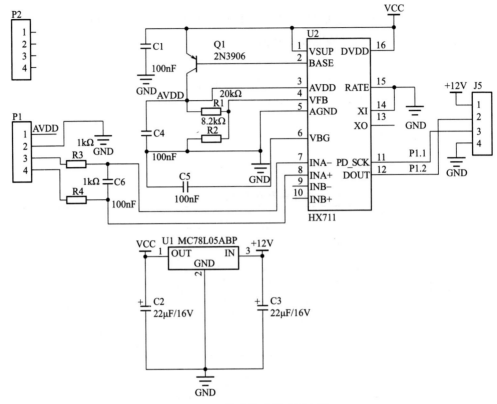

图 5-22 称重传感器应用电路

（2）传感器接口部分

称重传感器接口部分是通过插针 J5 接在单片机的 P1.1 和 P1.2 两个引脚上的。

5.5.3 参考程序

```
#include <STC_NEW_8051.H>
#include <intrins.h>
#include <stdio.h>
#define uchar unsigned char
unsigned long allcount=0;
float HX711_Buffer=0;
unsigned char first;
unsigned int fistvoal=0;
unsigned int Weight_Maopi=0,Weight_Shiwu=0,num=0;
sbit DOUT=P1^2;
sbit PD_SK=P1^1;
sbit one=P2^4;
```

```
sbit two=P2^5;
sbit three=P2^6;
sbit four=P2^7;

uchar j,k;
unsigned char code table[]=
{~0x3f,~0x06,~0x5b,~0x4f,~0x66,~0x6d,~0x7d,~0x07,~0x7f,~0x6f};
/ ********************************
```
延时子程序
```
******************************* /
void delay(uchar i)
{
     for(j=i;j>0;j-- )
     for(k=120;k>0;k-- );
}
/ ********************************
```
显示子程序
```
******************************* /
void display(unsigned int n)
{
     P0=table[n/1000];     one=0;delay(10);one=1;
     P0=table[n/100 % 10];two=0;delay(10);two=1;
     P0=table[n/10 % 10];   three=0;delay(10);three=1;
     P0=table[n % 10];       four=0;delay(10);four=1;
}
/ ********************************
  hx711_us 延时子程序
******************************* /
void Delay_hx711(void)
{
     _nop_();
     _nop_();
}


/ ********************************
```
读数字 A/D HX711 芯片的值子程序
```
******************************* /
unsigned long ReadCount(void)
{
  unsigned long Count;
  unsigned char i;
```

```
    PD_SK=0;                        //使 PD_SCK 置低
  Delay_hx711();
  Count=0;
while(DOUT==1)                      //A/D 转换未结束则等待,否则开始读取
{display(allcount);}                //调用显示子程序
  for(i=0;i<24;i++)                 //循环 25 次
    {
    PD_SK=1;                        //PD_SCK 置高(发送脉冲)
    Count=Count<<1;                 //下降沿来时变量 Count 左移一位,右侧补零
      PD_SK=0;                      //PD_SCK 置低
    if(DOUT==1)
        Count++;
    }
    PD_SK=1;
  Delay_hx711();
  Count=(Count^0x800000);           //第 25 个脉冲下降沿来时,转换数据 1000 0000 0000
                                    //0000 0000 0000
  PD_SK=0;
return(Count);
}


/*******************************
称重子程序
*******************************/
void Get_Weight()
{
  unsigned  int i;

    HX711_Buffer=0;
    for(i=0;i<10;i++)
    {
    HX711_Buffer=HX711_Buffer+ReadCount();
    }
      HX711_Buffer|=10;

    allcount=((HX711_Buffer-8299965)/462)-7-fistvoal;
  if(allcount<0)
  allcount=0;
      if(first==1)
      {
      first=0;
```

```
        fistvoal=allcount;
        allcount=0;
    }
}


/ ***************************
主程序
*************************** /

void main()
{first=1;
  while(1)
   {  display(allcount);//调用显示子程序

    {Get_Weight();//调用称重子程序


    }
   }
}
```

5.5.4　调试过程

（1）自检

确保线路连接正确，进入称重功能，此时单片机主板会分时读取称重专用ADC芯片，可通过示波器观察有无数字流。正常情况下都会有数字流。

校准：空置称盘，然后取一砝码100g重新开机。触发单片机开机是会自检完成并自动校准的。

（2）注意事项

要避免超载损坏称重传感器，即使称重传感器有一定的过载能力。为了保证称重的精度，应对单个传感器底座的安装平面用水平仪调整水平。为了使各传感器所承受的负荷基本一致，多个传感器底座的安装面要尽量调整到一个水平面上。

任务 5.6　知识拓展

5.6.1　压力传感器在智能手机中的应用

压力传感器首次在智能手机上使用是在 Galaxy Nexus 上，而之后推出的一些Android 旗舰手机里也包含了压力传感器，如 Galaxy S III、Galaxy Note 2 和小米 2，不过大家对于压力传感器仍非常陌生。其实，压力传感器在智能手机是用来测量大气压的，但测量大气压对于普通的手机用户来说又有什么作用呢？

（1）海拔高度测量

对于喜欢登山的人来说，都会非常关心自己所处的高度。常用的海拔高度的测量方法有两种：一是通过 GPS 全球定位系统；二是通过测出大气压，然后根据气压值计算出海拔高度。由于受到技术和其他方面原因的限制，GPS 计算海拔高度一般误差都会有几十米左右，而如果在树林里或者在悬崖下面时，有时候甚至接收不到 GPS 卫星信号。

气压的方式可选择范围广，而且可以把成本控制在比较低的水平。另外像Galaxy Nexus 等手机的压力传感器还包括温度传感器，它可以捕捉到温度对结果进行修正，以增加测量结果的精度。

所以在智能手机原有 GPS 的基础上再增加压力传感器功能，可以让三维定位更加精准。

（2）辅助导航

现在不少人开车时会用手机来进行导航，不过在高架桥上手机导航常常会出错。比如在高架桥上时，GPS 说右转，而实际上右边根本没有右转出口，这主要是 GPS 无法判断手机用户是在桥上还是在桥下而造成错误导航。一般高架桥上下两层的高度都会有几米到十几米的距离，而 GPS 的误差可能会有几十米，所以发生错误导航也就可以理解了。

而如果手机里增加一个压力传感器就不一样了，它的精度可以做到 1m，这样就可以很好地辅助 GPS 来测量出手机用户所处的高度，错误导航的问题也就容易解决了。

（3）室内定位

由于在室内无法很好地接收 GPS 信号，所以当用户进入一幢楼宇时，内置感应器可能会失去卫星的信号，所以无法识别用户的地理位置，并且无法感知垂直高度。而如果手机加上压力传感器再配合加速度计、陀螺仪等技术就可以做到精准的室内定位。这样以后手机用户在商场购物时，就可以通过手机定位知道想购买的产品在商场的哪个位置。

另外，压力传感器还可以为钓鱼爱好者提供相关信息（鱼在水中分层及活跃性与大气压相关）或天气预报等功能。不过目前压力传感器还处于发展初期，压力传感器要想被更多人了解和使用还需要一些相关技术的成熟和普及，以及开发者针对这一传感器推出更多的应用和功能。

5.6.2　压力传感器在汽车中的应用

（1）进气/尾气管理系统

汽车引擎管理系统（图 5-23）需要在适当的时间喷射适量的燃油到汽缸中，这样可以使得燃油充分有效地燃烧，达到最佳的燃烧效率，减少污染。

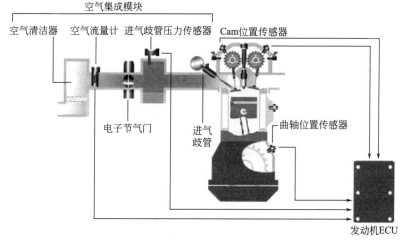

图 5-23　引擎管理系统示意图

引擎管理器的 ECU 做决定是基于一系列传感器信号的，例如曲轴位置、凸轮轴位置、空气流量、进气歧管温度、进气歧管压力等。其中进气歧管压力传感器是一个工作在绝压模式的压力传感器，ECU 根据该压力信号计算需要喷射的燃油量，使得燃烧过程获得最佳的空燃比。MLX90808-1 和 MLX90810 适合于这样的应用（满量程范围为 100kPa 左右），可以提供准确的进气歧管压力信息。有些车辆搭载了涡轮增压系统，进气歧管在涡轮增压器之后，这会使进气歧管中的压强高达约 400kPa。MLX90808-2 可以用于带有涡轮增压系统的进气歧管压力检测。为了减少氮氧化物的排放，有些车辆搭载了 EGR（Exhaust Gas Recirculation，废气再循环）系统。EGR 系统将一小部分废气引入进气歧管，由于废气具有惰性会延缓燃烧过程，燃烧速度将会放慢，燃烧最高温度降低，燃烧室中的压力形成过程放慢，从而减少氮氧化物的产生。由于废气温度高并且含有多种有腐蚀性的物质，因此搭载了 EGR 系统的车辆对进气歧管压力传感器提出了更高的介质兼容性要求。

（2）燃油蒸气管理系统

由于燃油的挥发是碳氢排放的主要原因之一，在美国一些州的法令中强制要求对汽车的燃油蒸气进行管理。在加油站给汽车加油时燃油蒸气会直接排放到大气中，这样既不环保又浪费燃油。搭载燃油蒸气管理系统（图 5-24）汽车的油箱蒸气通过分离阀经管道进入活性炭罐，活性炭罐中的活性炭多孔且表面积很大，可吸附大量燃油蒸气分子。活性炭罐与引擎的进气歧管相连，当引擎运转在进气冲程时，活塞运动使进气歧管产生低压。在进气歧管低压吸力作用下，空气从活性炭罐中经过，将活性炭罐中吸附的燃油蒸气分子送入引擎燃烧，使之得到充分应用，活性炭罐中活性炭的吸附能力得到恢复。燃油蒸气管理系统中需要微压传感器（表压模式）来检测燃油蒸气是否有泄漏，MLX90807-0 适合这种微压强（例如满量程 5kPa）的应用。

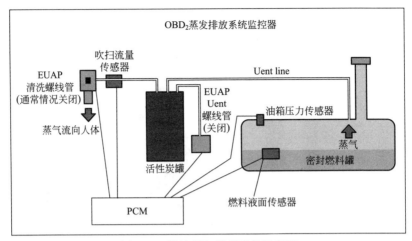

图 5-24　燃油蒸气管理系统示意图

（3）刹车助力系统

真空刹车助力器是真空助力伺服制动系统的核心部件，利用引擎进气管的真空和大气压的压差进行刹车助力。图 5-25 所示是一个真空助力器的示意图，在刹车未踩下时，气室膜片隔板将真空助力器分为两个腔（是连通的），通过真空单向阀接到引擎的进气管，两个气室均为真空。踩下车制动踏板时，气室膜片隔板移动，空气阀打开，真空阀关闭，气室的前腔为真空，气室的后腔与大气相连。两个腔之间的压力差作用在气室膜片隔板上，相当于增加了刹车制动力，制动力通过制动主缸推杆传到制动主缸，实现刹车功能。

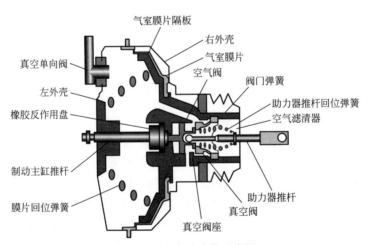

图 5-25　刹车助力器示意图

如果刹车助力系统出现漏气现象，会造成在刹车时气室前后腔的压差很小甚至消失，刹车助力系统失效，造成制动距离增加、制动困难等。另外燃油直喷系统和启停系统的搭载使得汽车进气歧管的真空度降低，就需要安装真空泵提供真空来源以满足刹车助力系统的要求。

在上述两种情况下都有必要增加一个压力传感器来监测气室前后腔之间的压力差是否合适，如有漏气则应启动相应的警告系统，如果真空度不够则应通知 ECU 启动真空泵提供额外的真空。MLX90809 是一款专门针对该应用设计的压力传感器（图 5-26），可工作在 100kPa 满量程的差压/表压模式，适合刹车助力系统的应用。

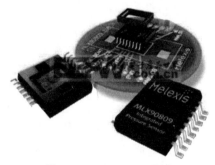

图 5-26　MLX90809 芯片

（4）柴油尾气滤清系统

由于柴油引擎的物理特性，其排放的废气中除了一氧化碳、碳氢化合物、氮氧化物以外还有一些微小的颗粒物，这些颗粒物是造成黑烟的主要原因。为了满足排放要求，减少环境污染，越来越多的柴油引擎都搭载了柴油颗粒滤清系统（Diesel Particulate Filter，DPF）。柴油引擎燃烧产生的尾气经过柴油颗粒滤清器时，滤清器的多孔系统会捕捉其中的颗粒，柴油尾气颗粒不断在滤清器中累积就会造成滤清器饱和甚至堵塞，因此需要对滤清器进行再生。通过一个差压传感器检测滤清器进气口和出气口之间的压差，当压差高于设定的阈值时认为滤清器达到饱和，ECU控制提高引擎温度，引擎排放出高温尾气以燃烧存储在滤清器中的颗粒，完成滤清器的再生，如图 5-27 所示。MLX90807-1 可以测量 40～200kPa 的差压，适合该应用。由于尾气温度高，并且含有多种有腐蚀性的气体和颗粒，需要考虑介质兼容性的问题。

（5）以天然气/液化石油气为燃料的系统

由于天然气/液化石油气价格相对便宜，排气污染小，安全可靠，车辆改装简单，一些产天然气/液化石油气的国家和地区越来越多地使用天然气/液化石油气作为燃料。在保留原车供油系统的情况下，增加一套专用的天然气/液化石油气装置，形成"双燃料汽车"。压缩天然气/液化石油气被储存在钢瓶中，通过减压阀和压力调节器将钢瓶中的高压燃气送到燃烧室与空气充分混合后燃烧为汽车提供动力。通过两个压力传感器分别监测燃气和进气歧管中空气的压力可以更好地控制空燃比，以达到最佳的燃烧状态，提高燃料的经济性，减少污染。MLX90808-2 芯片可以工

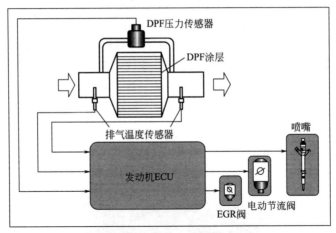

图 5-27 柴油颗粒滤清系统示意图

作于绝压模式，测量 400kPa 满量程的绝压，适合于监测燃气和进气歧管的压力。

迈来芯（Melexis）除了提供集成式压力传感器以外，还提供汽车等级的信号处理芯片，如 MLX90320、MLX90328。在一些高压、恶劣介质的压力环境可以考虑采用信号处理芯片与陶瓷/金属传感头配合使用的解决方案，例如空调冷媒压力传感器、机油压力传感器、变速箱压力传感器、刹车油压传感器、高压共轨压力传感器等应用。

5.6.3 部分压力传感器/变送器型号

表 5-7 所示为部分压力传感器/变送器型号。

表 5-7 部分压力传感器/变送器型号

型号	名称	所属产品系列
PT124G-111	经济型直杆熔体压力传感器	高温熔体压力传感器
PT124G-111T	经济型直杆温压一体熔体传感器	
PT124G-112	替代进口直杆型熔体压力传感器	
PT124G-112T	替代进口直杆型温压一体熔体传感器	
PT124G-113	环保型直杆熔体压力传感器	
PT124G-113T	环保型直杆温压一体熔体传感器	
PT124G-116	法兰型直杆熔体压力传感器	
PT124G-121	软管经济型熔体压力传感器	
PT124G-121T	软管经济型温压一体熔体传感器	
PT124G-123T	替代进口软管型温压一体熔体传感器	
PT124G-123	替代进口软管型熔体压力传感器	
PT124G-122	环保型软管熔体压力传感器	

型号	名称	所属产品系列
PT124G-122T	环保型软管温压一体熔体传感器	高温熔体压力传感器
PT124G-125	防爆软管型熔体压力传感器	
PT124G-125T	防爆软管型温压一体熔体传感器	
PT124G-126	法兰型软管熔体压力传感器	
PT124G-128	膜腔型熔体压力传感器	
PT124B-111	经济型直杆熔体压力变送器	高温熔体压力变送器
PT124B-111T	经济型直杆温压一体熔体变送器	
PT124B-121	软管经济型熔体压力变送器	
PT124B-121T	软管经济型温压一体熔体变送器	
PT124B-112	替代进口直杆型熔体压力变送器	
PT124B-112T	替代进口直杆型温压一体熔体变送器	
PT124B-123	替代进口软管型熔体压力变送器	
PT124B-123T	替代进口软管型温压一体熔体变送器	
PT124B-113	环保型直杆熔体压力变送器	
PT124B-113T	环保型直杆温压一体熔体变送器	
PT124B-122	环保型软管熔体压力变送器	
PT124B-122T	环保型软管温压一体熔体变送器	
PT124B-115	防爆型熔体压力变送器	
PT124B-129	智能数显型熔体压力变送器	
PT124B-129T	智能数显型温压一体熔体变送器	
PT124B-116	法兰型直杆熔体压力变送器	
PT124B-126	法兰型软管熔体压力变送器	
PT124B-125	防爆软管型熔体压力变送器	
PT124B-125T	防爆软管型温压一体熔体变送器	
PT124B-128	膜腔型熔体压力变送器	
PT124B-112D	一键清零直杆型熔体压力变送器	
PT124B-123D	一键清零软管型熔体压力变送器	
PT124B-123DT	一键清零软管型温压一体熔体变送器	
PT124G-210	标准型工控压力传感器	常温工控压力传感器
PT124G-211	微熔式工控压力传感器	
PT124G-213	陶瓷式工控压力传感器	
PT124G-214	平膜式工控压力传感器	
PT124B-210	标准型工控压力变送器	常温工控压力变送器
PT124B-211	微熔式工控压力变送器	

型号	名称	所属产品系列
PT124B-211-4	喷涂泵压力变送器	常温工控压力变送器
PT124B-212	扩散硅式工控压力变送器	
PT124B-213	陶瓷式工控压力变送器	
PT124B-214	平膜式工控压力变送器	
PT124B-215	全焊接本安防爆工控压力变送器	
PT124B-216	LCD 数显式工控压力变送器	
PT124B-217	卡箍式工控压力变送器	
PT124B-218	中高温型工控压力变送器	
PT124B-219	防腐船用工控压力变送器	
PT124B-220	投入式液位变送器	液位变送器
PT124B-221	数显型投入式液位变送器	
PT124B-222	插入式液位变送器	
PT124B-223	快插密封式液位变送器	
PT124B-224	耐腐蚀性液位变送器	
PT124B-225	电容式液位变送器	
PT124B-280	标准型防爆压力变送器	防爆压力变送器
PT124B-281	耐腐蚀性防爆压力变送器	
PT124B-282	智能型防爆压力变送器	
PT124B-283	平膜型防爆压力变送器	
PT124B-284	卡箍式防爆压力变送器	
PT124B-285	中高温型防爆压力变送器	
PT124Y-610	直杆型高温熔体压力表	高温熔体压力表
PT124Y-612	直杆型带变送输出熔体压力表	
PT124Y-613	直杆型磁组式触点压力表	
PT124Y-614	柔性管熔体压力表	
PT124Y-615	柔性管带输出熔体压力表	
PT124Y-615T	柔性管温压一体熔体压力表	
PT124Y-616	磁组式带触点输出压力表	
PT124Y-617	法兰式熔体压力表	
PT124Y-620	标准型隔膜压力表	隔膜卫生压力表
PT124Y-621	高压耐振型隔膜压力表	
PT124Y-622	压板式防振型隔膜压力表	
PT124Y-623	卡套式防振型隔膜压力表	
PT124Y-624	法兰式防振型隔膜压力表	

型号	名称	所属产品系列
PT124Y-625	耐振轴向安装隔膜压力表	隔膜卫生压力表
PT124Y-627	圆筒式压力表	
PT124B-2501	注浆传感器	工程设备专用传感器
PT124B-2503	注浆传感器	
PT124B-2504	注浆传感器	
PT124B-2511	土压传感器	
PT124B-2512	土压传感器	
PT124B-2513	土压传感器	
PT124B-2521	压裂车专用压力传感器	
PT124B-230	空调专用压力变送器	空调 & 压缩机压力变送器
PT124B-231	空调专用压力变送器	
PT124B-232	压缩机专用压力变送器	
PT124B-233	压缩机专用压力变送器	
PT124B-234	压缩机专用压力变送器	
PT124B-235	压缩机专用压力变送器	
PT124B-240	电子型机油压力变送器	汽车压力变送器
PT124B-241	燃油泵用压力传感器	
PT124B-242	汽车 ABB 系统用压力变送器	
PT124B-243	汽车燃油缸高压共轨压力变送器	
PT124B-244	汽车空调用压力变送器	
PT124G-650	数显型隔膜压力表	智能数显仪表
PD9001	智能 PID 控制仪表	
N70	智能压力显示仪表	
N80	智能压力显示仪表	
N90	智能压力显示仪表	
N60	智能压力 & 温度显示仪表	
N50	智能压力 & 温度显示仪表	
N10	智能压力 & 温度显示仪表	
WR-200	工业温度传感器	工业温度传感器
WR-201	工业温度传感器	
WR-202	工业温度传感器	
WR-203	工业温度传感器	
BP1010	挤出机用爆破阀	爆破阀
BP1020	螺栓型爆破阀	

型号	名称	所属产品系列
GPD35	煤矿压力传感器	矿用本安传感器
GUY5	煤矿液位传感器	
PT124B-2506	灌浆压力传感器	灌浆测控系列
PT124B-2507	灌浆密度传感器	
PT124B-626	灌浆隔膜压力表	
VEF310-40	一体化电磁流量计	
PT124B-100	高温蒸汽压力传感器	高压锅传感器

实验箱总体程序

```
# include <STC_NEW_8051.H>
# include <intrins.h>
# include <stdio.h>
# define uchar unsigned char
unsigned long gdnum=1,count=0,allcount=0,select=0,AD=0,inter=0,adc=
0,readadcnum=0;
float HX711_Buffer = 0;

unsigned int Weight_Maopi = 0,Weight_Shiwu = 0,num=0;
unsigned int result,result1;
sbit ADDO = P1^2;
sbit ADSK = P1^1;
sbit one= P2^4;
sbit two= P2^5;
sbit three= P2^6;
sbit four= P2^7;
sbit gdcount= P3^5;
sbit key1= P2^0;
sbit key2= P2^1;
sbit key3= P2^2;
sbit key4= P2^3;
sbit led1= P1^4;
sbit led2= P1^5;
sbit led3= P1^6;
sbit led4= P1^7;
sbit timer0= P3^4;    //定义 P3.4 引脚(T0)
```

```c
uchar j,k,cy;
unsigned char code table[] = {~0x3f,~0x06,~0x5b,~0x4f,~0x66,~0x6d,~
                              0x7d,~0x07,~0x7f,~0x6f};
/*****************************
延时子程序
***************************** /
void delay(uchar i)
{
      for(j=i;j>0;j-- )
      for(k=120;k>0;k-- );
}
/*****************************
显示子程序
***************************** /
void display(unsigned int n)
{
      P0 = table[n / 1000];     one = 0; delay(10); one = 1;
      P0 = table[n / 100 % 10]; two = 0; delay(10); two = 1;
      P0 = table[n / 10 % 10];  three = 0; delay(10); three = 1;
      P0 = table[n % 10] ;      four = 0; delay(10); four = 1;
}
/*****************************
hx711-us 延时子程序
***************************** /
void Delay__hx711_us(void)
{
      _nop_();
      _nop_();
}
/*****************************
读数字 A/D HX711 芯片的值子程序
***************************** /
unsigned long ReadCount(void)
{
  unsigned long Count;
  unsigned char i;
  ADSK=0;                    //使能 AD(PD_SCK 置低)
  Delay__hx711_us();
  Count=0;
  while(ADDO)                //A/D 转换未结束则等待,否则开始读取
  {display(allcount);}
```

```
    for(i=0;i<24;i++)
    {
     ADSK=1;                      //PD_SCK 置高(发送脉冲)
     Count=Count<<1;              //下降沿来时变量 Count 左移一位,右侧补零
     ADSK=0;                      //PD_SCK 置低
     if(ADDO) Count++;
    }
    ADSK=1;
    Delay__hx711_us();
    Count=(Count^0x800000);//第 25 个脉冲下降沿来时,转换数据
    ADSK=0;
return(Count);
    }


/******************************
称重子程序
****************************** /
unsigned char firstentry=1;
unsigned int fistvoil=0;
float sum;
unsigned int sumcounter;

void Get_Weight()
{
    HX711_Buffer = ReadCount();
    sum=sum+ ((HX711_Buffer-8299965)/462)-7;
    if (sumcounter++>200)
    sum=sum/200;
    {

    allcount =sum-fistvoil;
    if( firstentry)            //初始值清零
      {firstentry=0;
       fistvoil= allcount;
       allcount=0;             //将结果清零
       }
    sum=0;
    sumcounter=0;
//  else allcount=0xbf;
}
```

```
/ *****************************
A/D 转换子程序
***************************** /
void initADC()
{
P1ASF＝0X01;                     //设置 P10 口为模拟功能 AD 使用
ADC_CONTR|＝0xE8;                //模拟通道选择
ADC_RES＝0;                      //清零结果寄存器
ADC_CONTR＝0xE0;                 //ADC 电源,转换速度
delay(1);
}
/ *****************************
红外测距子程序
***************************** /
void readadc()
{

        ADC_CONTR&＝0x7f;
        ADC_CONTR&＝0xEF;         //中断请求标志位,A/D 转换完成一定要清零
        result＝(unsigned int)(1991/(ADC_RES＋3))-7;        //转换结果

        {
        result1＋＝result;
        readadcnum＋＋;
        if(readadcnum＝＝50)
        {
        result1＝result1/50;


        if(result1＞80)
        {allcount＝80;}
        else
        {allcount＝result1;}
         result1＝0;readadcnum＝0;
        }

        }


        ADC_CONTR＝0x88;
}
/ ***************************
```

霍尔测速子程序

```
**************************** /
void time_init()
{
    TMOD＝0X16;                    //定时器 0 为计数,定时器 1 为定时
    TH0＝0xff;                      //计数器
    TL0＝0xff;
    TH1＝(65536－50000)/256;
    TL1＝(65536－50000)%256;        //50ms
    EA＝1;
    ET1＝1;/＊ET 中断允许位,EX 外部中断允许位,IE、IT 为外部中断,TR 启动定时器 ＊/
    EX1＝1;
    IE1＝1;
    IT1＝1;
    TR1＝1;
    TR0＝1;
}
/ ****************************
定时器 1 中断服务子程序
**************************** /
void T1_time( ) interrupt 3
{
    TH1＝(65536－50000)/256;
    TL1＝(65536－50000)%256;
    num＋＋;
    if(num＝＝21)
    {
    num＝0;
    allcount＝count ＊ 60;
    if(allcount＞9998)
    {allcount＝9999;}
    count＝0;
    led4＝～led4;
    }
}
/ ****************************
INT1 中断服务子程序
**************************** /
void counter( ) interrupt 2
{
count＋＋;
```

```
}


/ *****************************
关闭 LED 子程序
***************************** /
void ledoff()
{
led1=1;
led2=1;
led3=1;
led4=1;
}


/ *****************************
主程序
***************************** /
void main()
{
        while(1)
        {

        display(allcount);//调用显示子程序
        if(key1==0)
            select=3;
        if(key2==0)
        {
            select=2;
            gdnum=0;
            }
        if(key3==0)
        {
            select=1;
            inter=1;
            }
        if(key4==0)
          {
            select=4;
            adc=1;
           }

        if(select==1)//霍尔测速
```

```
        {
        ADC_CONTR=0;
        ledoff();
        led2=0;
        gdnum=0;
        if(inter==1)
        {
        allcount=0;
        time_init();
        inter=0;
        }
      }
   else if(select==2)//光电计数
      {
          ADC_CONTR=0;
          ledoff( ); //调用灭灯子程序
          led4=0;
          EA=0;
          TR1=0;
          if(gdnum==0)
          allcount=0;
          if(timer0==0 )
            {
              if(cy)
              {
              allcount++;
              gdnum=1; cy=0;
              }
            }
            else
            {cy=1;}
                    }
else if(select==3)//称重
    {
    ADC_CONTR=0;
    ledoff();
    led3=0;
    EA=0;
    TR1=0;
    gdnum=0;
    Get_Weight();
```

```
        }
    else if(select==4)//红外测距
     {
    EA=0;
    TR1=0;
    gdnum=0;
    ledoff();
    led1=0;
    if(adc)
       {
       initADC();
       adc=0;
       }
    readadc();
     }
  }
}
```

实验箱总体电路图

（1）单片机主控系统图

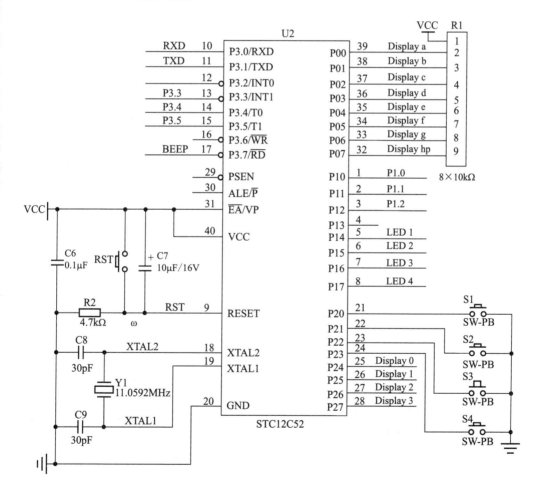

（2）数码管显示模块电路图

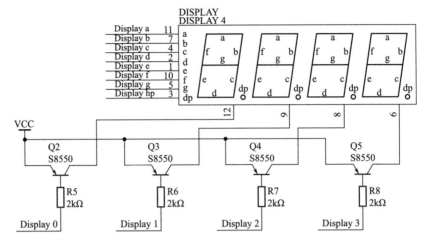

（3）电源模块电路图

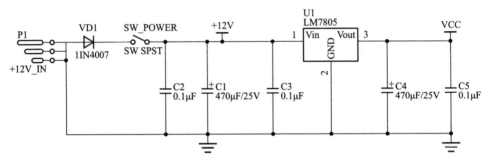

（4）串口下载模块电路图

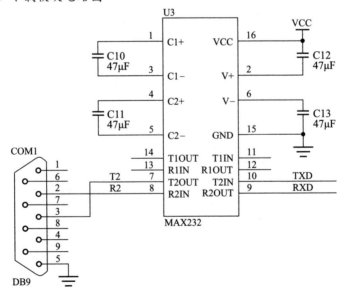

（5）指示灯模块电路图

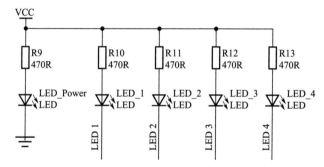

（6）报警模块电路图

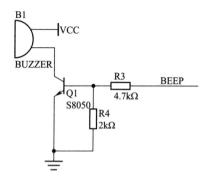

（7）接线端子图

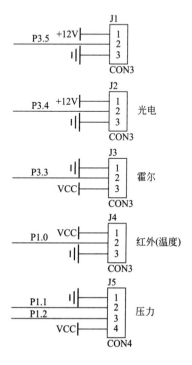

参 考 文 献

[1]　赵继文.传感器与应用电路设计.北京：科学出版社，2002.

[2]　何希才.传感器技术及其应用.北京：北京航空航天大学出版社，2005.

[3]　吴建平.传感器原理及应用.北京：机械工业出版社，2006.

[4]　雷玉堂.光电检测技术.北京：中国计量出版社，2001.

[5]　周征.自动检测技术实用教程.北京：机械工业出版社，2006.

[6]　张迎新.非电量测量技术基础.北京：北京航空航天大学出版社，2002.

[7]　周坚.单片机 C 语言轻松入门.北京：北京航空航天大学出版社，2011.